陕西青木川国家级自然保护区的动物多样性与保护

李春旺　缪　涛　主编

中国林业出版社
China Forestry Publishing House

图书在版编目(CIP)数据

陕西青木川国家级自然保护区的动物多样性与保护 /
李春旺,缪涛主编. —北京:中国林业出版社,
2021. 1

ISBN 978-7-5219-0842-8

I. ①陕… II. ①李… ②缪… III. ①自然保护区-
动物-生物多样性-研究-宁强县 IV. ①Q958.527.14

中国版本图书馆 CIP 数据核字(2020)第 193482 号

中国林业出版社自然保护分社(国家公园分社)

策划编辑:肖 静
责任编辑:肖 静 葛宝庆
责任校对:刘清帅
电 话:(010)83143577

出版发行 中国林业出版社(100009 北京市西城区德内大街刘海胡同 7 号)
http://www.forestry.gov.cn/lycb.html
印 刷 河北京平诚乾印刷有限公司
版 次 2021 年 1 月第 1 版
印 次 2021 年 1 月第 1 次印刷
开 本 787mm×1092mm 1/16
印 张 7.75
彩 版 16 面
字 数 180 千字
定 价 45.00 元

陕西青木川国家级自然保护区的动物多样性与保护

顾问委员会

主　　任：蒋志刚

委　　员：胡德夫　张润志　白加德　赵亚辉　刘　涛

李安宁　王新平　莫登清　魏树强　庞世华

李俊益　陶夏秋　曹丹丹　邹维明

编辑委员会

主　　编：李春旺　缪　涛

副 主 编：姜春燕　张树苗　吉晟男

编　　委：平晓鸽　郭松凯　许　军　张　翔　刘　军

图片编辑：郭松凯　邹维明　周钰媚

前　言

PREFACE

陕西省宁强县的青木川镇是一处历史传奇之地，也是一众生物的自然庇护所。金牛古道是两千多年前中原通往巴蜀地区的一条重要道路，而青木川是金牛古道边上的重要节点。在青木川除了有古镇老街、险关栈道、枭雄故事外，更有复杂多样的生物群落和自然景观。杜甫在经陕入蜀时留下诗句，"五盘虽云险，山色佳有馀。仰凌栈道细，俯映江木疏。地僻无网罟，水清反多鱼。好鸟不妄飞，野人半巢居。"它生动描绘了这里天下奇绝的地形地貌和丰富的生物资源。青木川距宁强县城并不算远，直线距离约 60 千米，然而由于地形复杂、山路崎岖，导致这里相对闭塞，也使得这里的动植物保存下来。

陕西青木川国家级自然保护区是一处以保护大熊猫、金丝猴等珍稀野生动植物及其栖息环境为宗旨的自然保护区。保护区始建于 2002 年 8 月，那时保护区的名称还是"陕西马家山自然保护区"，2005 年 6 月更名为"陕西青木川自然保护区"，2009 年 9 月经国务院批准为国家级自然保护区。关于保护区的生物多样性调查研究最早见于 1998 年西北大学生物系杨兴中对灵长类等动物资源进行的较为系统的调查和 2001 年进行的第三次大熊猫调查。中国科学院动物研究所蒋志刚研究员 2004 年带领多家科研单位组成的团队在保护区开展了野生动植物本底调查，2005 年编写出版了《陕西青木川自然保护区的生物多样性》一书。

2017—2019 年，受"陕西青木川国家级自然保护区野生动物多样性调查项目"(中标编号：SXDZNC2017-0052)的委托，我们开展了 3 次大规模野外考察，调查的动物类群包括昆虫、鱼类、两栖类、爬行类、鸟类和哺乳类，内容涉及物种的种类、相对数量、分布和栖息地、地理区系分析等，对一些重要物种和整个保护区进行了描述、评估，并提出保护管理建议。全书共分 14 章。第 1 章介绍了陕西青木川国家级自然保护区概况(编写：缪涛、李春旺、张树苗)。第 2 章描述了陕西青木川国家级自然保护区自然环境(编写：李春旺、缪涛)。第 3 章描述了陕西青木川国家级自然保护区的社会经济状况(编写：缪涛、李春旺)。第 4 章阐述了调查研究的内容和方法(编写：李春旺、吉晟男)。第 5 章介绍了昆虫的调查结果(编写：姜春燕)。第 6 章至第 10 章分别阐述了鱼类(李春旺、缪涛)、两栖类(李春旺)、爬行类(李春旺)、鸟类(李春旺、缪涛)、哺乳类(李春旺、缪涛)等各个类群的调查结果。第 11 章介绍了川金丝猴等 4 个关键物种(编写：李春旺、郭松凯)。第 12 章分析介绍了受威胁陆生野生脊椎动物在陕西青木川国家级自然保护区内的情况以及受威胁物种的保护重要性(编写：李春旺、吉晟男)。第 13 章对陕西青木川国家级自然保护区的保护成效进行了评估(编写：李春旺)。第 14 章在本次调查和文献梳理的基础上，分析了保护区动物多样性特点，提出了相应的保护管理建议(编写：缪涛、李春旺)。

陕西青木川国家级自然保护区动物多样性野外调查和成书是集体劳动成果。陕西青木川国家级自然保护区管理局的许军、刘军、缪涛、李安宁、王新平、魏树强、李俊益、刘涛、莫登清、滕正华、赵鑫等同志付出许多努力，他们负责管理项目、搜集文献资料、参加野外调查、保障后勤供给，为项目的顺利进行创造了充分条件。

中国科学院动物研究所和中国科学院大学的李春旺、曹丹丹、丁晨晨、李娜、李玮琪、刘雅欣、伊丽娜、周钰媚、珠岚、梁冬妮，中国环境科学研究院的吉晟男，南京师范大学的陶夏秋，河北大学的张凯歌，南京野鸟会的邹维明，参加了脊椎动物的野外调查和样线数据整理。中国科学院动物研究所的姜春燕、李义哲、马苗、杨晓亮、周润参加了昆虫的野外调查和数据整理。中国科学院动物研究所的刘雅欣、郭松凯，南京师范大学的陶夏秋，中国农业大学的刘杰，北京科技大学的张起处理了红外相机数据。中国科学院动物研究所的郭松凯校阅了文稿。南京野鸟会的邹维明拍摄和整理了照片。

本书出版受到了国家重点研发计划项目(2016YFC0503304)和生物多样性调查评估项目(2019HJ2096001006)的资助。在项目执行期间，中国科学院动物研究所的蒋志刚研究员、张润志研究员、赵亚辉副研究员，北京麋鹿生态实验中心的白加德研究员，北京林业大学的胡德夫教授都给予了许多帮助，在此一并致谢。

李春旺　缪　涛

2020 年 6 月

目 录

CONTENTS

附 图

第1章

保护区及所在区域概况

1.1 保护区简介

陕西青木川国家级自然保护区地处四川、陕西、甘肃三省交界处的秦岭与岷山交汇地带，位于宁强县西部边陲的青木川镇境内。北与甘肃武都、康县接壤，西与四川青川县毗邻，南至青木川镇南坝村，东至陕西广坪河，介于东经105°29′13″~105°40′01″，北纬32°49′15″~32°55′22″。陕西青木川国家级自然保护区南北宽15.5千米，东西长28千米，总面积9780.33公顷。陕西青木川国家级自然保护区与甘肃裕河国家级自然保护区和四川毛寨省级自然保护区毗邻，在西偏南方向则是四川唐家河国家级自然保护区。保护区边界走向：东以陕西省与甘肃省交界处的卡子梁为起点，向西沿省界至四川、陕西、甘肃三省省界交点，向南沿陕西、四川省界至秦家垭，向东沿阳青公路经三河口、魏家砭、赵家坝、罗家沟、韩家垭、磨刀石、金城观至玉泉坝，再向北沿广坪河至卡子梁。青木川自然保护区始建于2002年8月，2009年9月经国务院批准为国家级自然保护区。

陕西青木川国家级自然保护区是一处以保护大熊猫、金丝猴、羚牛等珍稀野生动植物及其栖息环境为宗旨的自然保护区。该区域属北亚热带湿润地区，拥有特殊的地理位置，特殊气候类型，年平均气温13℃，最高气温35.8℃，最低气温-9.8℃，年降水量1214毫米，属典型的北亚热带山地气候。丰富的水热条件和独特的地理位置，孕育了丰富多样的动植物资源。这里有典型的北亚热带森林景观和复杂多样的植被类型：在海拔1100米以下，为亚热带常绿、落叶阔叶林带；海拔1100米以上为含常绿树种的落叶阔叶林带；海拔1500米以上，大面积的箭竹、木竹与落叶阔叶林树种混生，是构成竹林的主要成分，为大熊猫的生存提供了稳定的食物来源。陕西青木川国家级自然保护区是我国东西、南北生物区系的交汇地区，也是陆地生物多样性保护的两大关键区域——横断山脉、秦岭山地与岷山山地交汇和植物区域地理成分多样性的汇集地。以往调查表明，保护区内有维管束植物173科732属1598种，被列为珍稀濒危植物的有82种，属国家重点保护植物的有14种。野生动物中属国家一级重点保护的有大熊猫、金丝猴、羚牛、林麝、金钱豹、金雕等6种，属国家二级重点保护的有猕猴、红腹锦鸡、大林猫、中华斑羚等17种，特别是金丝猴、猕猴在这里存在同域分布现象，在我国尚属首次发现。

2019年11月，陕西青木川国家级自然保护区管理局依据宁强县人民政府、宁强县林业局的要求，组织测绘技术单位对陕西青木川国家级自然保护区各功能区面积和范围进行了勘界，获得了各功能区边界和面积情况(表1.1，图1.1)。

表 1.1 陕西青木川国家级自然保护区各功能区统计信息

功能区	面积(公顷)	比例(%)
核心区	3756.69	38.63
缓冲区	2453.06	25.22
实验区	3515.17	36.15
自然保护区总面积	9724.92	100.00

图 1.1 陕西青木川国家级自然保护区范围与功能区划(注:1英里≈1.6千米)

陕西青木川国家级自然保护区总面积 9724.92 公顷。其中,核心区面积 3756.69 公顷,占总面积的 38.63%;缓冲区面积 2453.06 公顷,占总面积的 25.22%;实验区面积 3515.17 公顷,占总面积的 36.15%。保护区范围四至坐标与批复文件的功能区划图坐标一致,核心区面积、缓冲区面积和实验区面积与功能区划图图示面积基本一致,实测总面积比批复总面积小 475.00 公顷。

1.2 保护区沿革

早在 1998 年,西北大学生物系专家受陕西省林业厅野生动物保护管理站委托,对宁强县青木川的灵长类等动物资源进行了较为系统的调查,并建议在该区域成立以金丝猴、猕猴为主要保护对象的动物保护区。2001 年第三次大熊猫调查后,陕西大熊猫调查队确认陕西省宁强县青木川地区为大熊猫分布区,2001 年汉中市政府提请陕西省政府建立陕西马家山省级自然保护区,并于 2002 年 8 月 26 日,成立青木川马家山自然保护区,行政上隶属于宁强县政府。2003 年 8 月,宁强县编制委员会正式批准成立"陕西马家山省级自然保护区管理局"。

2004 年来自中国科学院动物研究所、中国科学院植物研究所、中国科学院西北植物研究所、西华师范大学、中国科学院西北高原生物研究所、北京师范大学、东北师范大学的专家学者及相关科研人员在陕西省青木川自然保护区开展了生物多样性考察，于 2005 年出版了《陕西青木川自然保护区的生物多样性》一书，同时建议把"陕西马家山省级自然保护区"更名为"陕西青木川省级自然保护区"，并得到有关部门批准。

2005 年 6 月更名为青木川自然保护区，2007 年 4 月开始申报国家级自然保护区，并通过了初审。2009 年 9 月 18 日批准为"陕西青木川国家级自然保护区"。

1.3　宁强县概况

宁强县位于陕西省西南隅，北依秦岭，南枕巴山。地理坐标北纬 32°27′06″~33°12′42″，东经 105°20′10″~106°35′18″，东西长 101.65 千米，南北宽 65.32 千米，总面积 3282.73 平方千米。宁强县辖 16 个镇、2 个街道办事处：汉源街道办事处、高寨子街道办事处、大安镇、代家坝镇、阳平关镇、燕子砭镇、广坪镇、青木川镇、毛坝河镇、铁锁关镇、胡家坝镇、巴山镇、舒家坝镇、太阳岭镇、巨亭镇、安乐河镇、禅家岩镇、二郎坝镇。全县共有 200 个行政村，总人口 34 万人。宁强地处秦岭和巴山两大山系的交汇地带，境内东南高，西北低，中部有五丁山隆起。宁强雨量充沛，空气湿润，大部地区属暖温带山地湿润季风气候，降水强度大，年降水量最高达 1812.2 毫米。

宁强县地处秦岭和巴山两大山系的交汇地带，北属秦岭山系，大部分海拔 1000~1600 米；南属巴山山系，大部分海拔 1000~1800 米。地形多呈"V"形构造，境内东南高，西北低，中部有五丁山隆起，分为谷坝、谷地、低山、中心和高中山五个地貌类型。最高海拔毛坝河镇三道河九垭子主峰 2103.7 米，最低海拔燕子砭镇嘉陵江入川处 520 米。

宁强县属山地暖温带湿润季风气候类型，年平均气温 13℃，极端最低气温−10.3℃，极端最高气温 36.2℃，无霜期 247 天。雨量充沛，降水强度大，年降水量最高达 1812.2 毫米。宁强县多年平均地表自产水径流量 11.4 亿立方米，过境客水 56.28 亿立方米。

宁强县总面积 326031.26 公顷，其中，耕地 47134.01 公顷（水田 4381.41 公顷，水浇地 12.14 公顷，旱地 42740.46 公顷），耕地占 14.46%；园地 1017.17 公顷，占 0.31%；林地 256330.25 公顷，占 78.63%；牧草地 3909.9 公顷，占 1.20%；居民点及工矿用地 5253.90 公顷，占 1.61%；交通用地 1932.56 公顷，占 0.59%；水域面积 3892.95 公顷，占 1.19%；其他土地 6560.52 公顷，占 2.01%。

宁强县生物资源数量丰富、品种多样，有多种国家保护的野生动植物。植物类中，有木本植物 586 种，分属 85 科 202 属；牧草 62 科 500 余种；农作物有 70 多种。森林植被中，列为国家重点保护的一、二级树种有连香、杜仲、银杏、鹅掌楸、黄檗、厚朴、棠棣、香果树等 8 种；列为省级保护的有粗榧、铁坚杉、白皮松、杜仲、鹅耳枥、黄杨、山楂、七叶树、樟木、楠木、红豆杉、刺楸等 12 种。宁强县林业用地面积 357.48 万亩[①]，森林面积 284.42 万亩，活立木总蓄积 595.49 万立方米，森林覆盖率 58.5%。宁强县已查明的陆生野生动物有 18 目 50 科 142 属，属于国家一、二级重点保护野生动物的有 50 种，其中，鸟类

---

① 　1 亩 = 1/15 公顷，下同。

11 目 30 科 107 种；爬行动物 2 目 5 科 8 种；哺乳动物 3 目 16 科 17 种。属国家一级重点保护野生动物的有金丝猴、羚羊、黑鹿、金雕等。

1.4 青木川镇概况

青木川镇，属陕西省汉中市宁强县，位于陕、甘、川交界处，西连四川省青川县，北邻甘肃省武都县、康县，素有"一脚踏三省"之誉，是陕西最西的镇，距宁强县城 108 千米，距汉中市 197 千米。西去 227 千米即是九寨沟。

古镇历史悠久，曾是羌汉杂居地区，明朝时始称草场坝，后建回龙寺，遂改称回龙场。清同治年间称永宁里，民国时称凤凰乡，因川道树木挺拔高大，遮天蔽日，中华人民共和国成立后更名青木川。青木川镇自然条件优越，生态植被良好，历史人文资源丰厚，传统老街区、古老民风、民俗、民情以及传统的生活、生产用具，都具有独特的风情画意；古建筑、古摩崖、古祠堂、古寺庙、古题刻等，展现古镇悠久的历史和深厚的文化底蕴。汶川地震导致青木川古建筑群部分房屋和墙面开裂坍塌，建于明成化年间的"回龙场"古街也遭到破坏。2008 年 7 月份开始，宁强县对青木川古镇进行维修，现已维修结束，古镇整体风貌保留如初。

青木川古镇是国家 AAAA 级旅游景区，古镇祠堂庙宇密集，均为明清时代所建。在镇政府周围 1 平方千米的地区内祠堂庙宇有 9 处之多。赵、魏、瞿、屠各姓氏祠堂完好度约 70%。五座庙宇以文昌庙、回龙寺最负盛名，庙址清幽，庙像庄严巍峨，雕塑工艺精湛。南下 2500 米处有观音岩摩崖石像、黄家院林氏桃园三洞墓葬等。

在青木川镇的建筑群中，魏氏的新老两处大院外观像北京的四合院，是古镇最显眼的建筑，其中的几处老宅已被列入宁强县古建筑群加以保护。而青木川古镇中的古建筑主要以回龙场街为主。该街始建于明成化年间，总面积达 4 万余平方米，保存度达 80%，后街下半部遭水冲坏，自清咸丰以来陆续修建，民国年间也进行了维修，并建有 3 处魏氏住宅和遗留其倡办的中学一所，总面积达 8500 平方米，保存度 85%。街道建筑自下而上蜿蜒延伸 866 米，宽 4 米，金溪河绕着古镇转了个弯，古街被河拉成了弧形。古街现留有古朴独特，雕梁画栋，风格典雅，古建筑房屋 260 间，是不可再造的历史文化遗产。古街上近百户人家的房子大都是四合院，建筑风格有明清时期的旱船式，也有西方教堂式。另外，距古街 5 千米处，有长达 6 千米的明清时留下的通往甘肃的商运古栈道，该道路顺河而上，顺崖凿路，路势十分险峻。

青木川镇还有红军革命纪念馆一座，位于回龙场老街下段，于 2017 年 10 月 1 日对外开放，展览馆面积为 800 平方米木质结构上下两层，展览馆从外观来看古朴典雅是典型的民国风情，整个建筑是一个四合院连接而成，院内有天井，后院有景观台等各种设施齐全。馆内展示了宁强县革命历程的相关资料，有历史文献、文物、图片资料等，也展示了新中国成立初期，剿灭土匪，解放广坪的革命事迹。

2009 年，青木川镇被列为省级重点镇；2010 年 3 月荣获全国特色景观旅游名镇，10 月荣获中国历史文化名镇称号；2011 年 11 月顺利通过全省最美小城镇验收，同时被评为"全国最具潜力十大古镇和最具潜力十大乡村游目的地"；2013 年青木川镇被列为"陕西省文化旅游名镇"和"陕西省历史文化名镇"，魏氏宅院、回龙场老街也被国家列为"第七批文物保护单位"。

第2章

自然环境概况

自然环境是动物以及人类赖以生存的必要条件，陕西青木川国家级自然保护区地处秦巴山系交汇过渡地带，形成略有特点的自然景观和气候条件。本章将从地形地貌与土壤、水文与气候、植物与植被以及栖息地类型等方面进行描述。

2.1 地形地貌与土壤

陕西青木川国家级自然保护区属秦岭山地，主体是大致东西走向的秦岭山地槽褶皱带，山地大部分是海拔1000～1800米的变质杂岩山岭，西北边界的主要峰岭毛家梁、错欢喜、凤凰山、马马石等均为海拔1700～2000米，区内最高海拔凤凰山为2054米(图2.1，附图1)。陕西青木川国家级自然保护区位于秦岭山地槽褶皱带南缘，为绢云母绿泥石钙石英片岩，构造运动和岩浆活动比较强烈，褶皱紧密，岩层变质，断层及次级构造充分发育，褶皱以复式批向斜为主，走向呈北东向，主要断层以北东向为主。

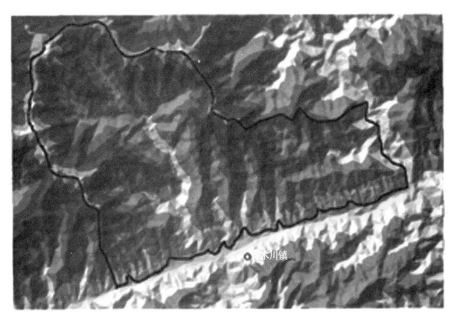

图2.1 陕西青木川国家级自然保护区高程图

陕西青木川国家级自然保护区内土壤主要为普通黄棕壤和水稻土。普通黄棕壤分布于海拔900～1950米的山坡。地表土壤主要分3层，其中，土壤表层(A层)为灰棕色，其厚度受地形、植被覆盖度的影响而变化较大；淀积层（B层）基本为黄棕色；母质层（C层）一般多为与母岩性质相似的半风化碎屑物质。水稻土是长期栽培水稻导致土壤在淹水条件下发育而形成的一种特殊的土壤。保护区的水稻土是在黄棕壤基础上经过人工水耕熟化而形成的锈斑黄泥田土，主要分布在长沙坝和陕西青木川一带的山间谷地平川。

2.2 水文与气候

陕西青木川国家级自然保护区的水系呈平行分布，主要有金溪河的支流中梁沟河、平沟河、黄河沟、屠家河和广坪河的支流后沟河。金溪河发源于区内的中梁垭，向南流至金山寺乡并在姚湾流入嘉陵江，区内长度18千米，流域面积90平方千米，落差为1147米，全部为区内集水。后沟河在保护区内长度约3千米，流域面积12平方千米。陕西青木川保护区境内的河流没有出现过季节性断流现象。保护区水的化学性质属重碳酸盐型钙组Ⅰ、Ⅱ型。pH值在5.9~7.3，属中性水。硬度平均为41.3毫克/升，为软水。通过对水的化学成分化验，耗氧量及氮、氨等有机质和酚、氰、砷、汞、氟、铬等六项化验均达到一级。由于陕西青木川国家级自然保护区花岗岩、片麻岩等古老岩石分布较多，表层风化、土质松散，基岩透水性弱，容易发生土石滑坡和水土流失。保护区水土流失主要集中在靠近南部地区的低山，但水土流失并不严重。

陕西青木川国家级自然保护区所在的宁强县属北亚热带气候，具显著的山地森林小气候特征，全年气候温凉潮湿，春季雨量较少，夏秋多雨，冬季多雪。当地气候还具有冬长夏短、春秋相连的特点，海拔越高，此现象越明显。

2.3 植物植被与栖息地类型

陕西青木川国家级自然保护区内已知有维管束植物1598种，隶属于173科732属。从植物区系的基本组成看，这些植物种类中包含了各种分布类型来源和成分，有温带属种和热带属种；古老的属种和年轻的属种；仅分布于秦巴山地的狭域属种和中国广布的属种；和中国特有分布的属种。

但就被子植物而言，刘艳等（2006）报道认为陕西青木川国家级自然保护区有种子植物905种，隶属于126科501属，其中，裸子植物5科11属15种，被子植物121科490属890种（双子叶植物108科401属762种，单子叶植物13科89属128种）。中国特有属20属，中国特有种261种。该区系的基本特征：植物种类丰富，特有程度高；区系成分复杂，表现出亚热带向温带过渡的特点，并以温带区系成分占优势；在中国植物区系上处于中国—日本森林植物亚区的华中地区和华北地区的黄土高原地区与中国—喜马拉雅森林植物亚区的横断山脉地区的交汇地带，多种区系成分汇集，与周邻联系广泛；植物区系起源古老，有较多的残遗植物；珍稀保护物种丰富，共计有《国家重点保护野生植物名录》Ⅰ级保护植物4种，Ⅱ级保护植物25种。

陕西青木川国家级自然保护区地处四川盆地的北缘，系亚热带向暖温带过渡的地区，其植被及生境类型都具有显著的过渡特征。覃海宁等（2005）参照《中国植被》和《陕西植被》

的一些分类原则和依据来进行粗线条的分类，结合陕西青木川国家级自然保护区的具体情况，以植物群落学特征划分了保护区的植被类型。

陕西青木川国家级自然保护区南坡狭窄陡峻有断崖，北坡宽阔和缓，区内最低的海拔高度 720 米，最高海拔为凤凰山，海拔 2054 米，海拔高差 1334 米。保护区的植被大致可分为亚热带常绿落叶阔叶混交林带和含有常绿树种的落叶阔叶林带，受山体绝对海拔高度的制约，区内植被具有一定的针阔混交林，但并未形成典型的针阔混交林格局。

陕西青木川国家级自然保护区有种子植物 677 属，根据吴征镒教授对中国种子植物所划分的 15 个分布区类型对保护区植物进行分析，结果发现这些植物包括热带种、温带种、古地中海种和中国特有种等在保护区均有分布，表明了陕西青木川国家级自然保护区复杂的地理成分和丰富的物种资源。

保护区的植物种类中包含了各种分布类型来源和成分，既有温带属种热带属种、古老的属种和年轻的属种、仅分布于陕西青木川国家级自然保护区所在的秦巴山地的狭域属种和全国广布的属种，也有较多的我国特有分布的属种。地理成分的复杂多样，极大地丰富了陕西青木川国家级自然保护区植物特种多样性，也就蕴藏了十分丰富的特种资源和宝贵的种质基因。

根据保护区地形地貌和植物植被，可以分为 4 种大的栖息地类型：①亚高山针阔混交林。海拔 1200 米以上的山地，代表植被类型为亚高山寒温性常绿针叶林，镶嵌以落叶阔叶乔木。②阔叶林为优势的生境。海拔 700~1200 米的山地，代表植被类型为常绿落叶阔叶混交林。③湖泊、水库和溪流河谷等水体湿地生境。主要以水体(流水或净水)及其衍生的湿地灌草丛等为主，也有少数森林植被与灌草丛共同发育形成的生境。④农田、居民区和弃耕地生境。主要是保护区核心区和缓冲区内居民迁出后废弃的耕地和实验区农田居民区生境，植被组成主要包括稀树灌丛、灌草丛、草丛和一些人工水体湿地等。

第3章

社会经济概况

陕西青木川国家级自然保护区位于陕西省宁强县青木川镇境内，处于陕、甘、川三省交界处，西连四川省青川县，北邻甘肃省陇南市武都区和康县，历史上曾是三省人员交流和经济往来的交通要道。青木川镇现有南坝村、青木川村、东坝村、玉泉坝村和蒿地坝村等5个行政村，其中，涉及青木川国家级自然保护区的有南坝村、青木川村、东坝村、玉泉坝村4个行政村。在2009年前，尚有部分村民居住于保护区核心区和缓冲区内。在2009年被批准为国家级自然保护区后，结合灾后重建，将区内村民陆续迁出保护区，特别是原长沙坝村整体移民搬迁出保护区，与南坝村合并为一个行政村。目前，保护区核心区和缓冲区内已无居住人口。

3.1 基础经济

陕西青木川国家级自然保护区周边的5个行政村共有48个村民小组，总人口7414人。在大力开展旅游业之前，陕西青木川国家级自然保护区周边社区经济结构比较单一，以传统种植业和养殖业为主。有1.5%的村民主要靠养猪或者养羊为生；47.8%的村民靠打工维持生活；有固定工作依靠工资生活的村民仅占1.5%；依靠经商收入的村民占7.5%；具有上述收入来源中两种的有23.9%；具有上述收入来源中三种的只有3%。从20世纪末，劳务输出成为当地的一种重要经济成分。较多的人口流向北京、西安、汉中、广元及南方的一些省份。居民的经济收入主要来自种植香菇、木耳或者养蜂等农林业养殖等。总体上讲，外出打工作为收入来源的村民占样本的70.2%。从以上数据可以看出，多数村民收入来源单一，大部分的村民需要外出做工维持生计。

3.2 旅游产业

青木川古镇历史悠久，旅游资源丰富，以保存完整的明清古建筑群、独特的自然风光、悠久的历史文化和淳朴的民风民俗为特点。旅游业一直是青木川镇的一项潜力巨大的产业。在2006年以前，青木川虽有旅游资源但未得到开发，旅游产业尚未兴起。自2006年之后，青木川旅游产业开始起步，至2013年已渐成规模。2013年，青木川老街建筑群和青木川魏氏庄园被国务院公布为全国第七批全国重点文物保护单位。2014年，电视剧《一代枭雄》的热播，为青木川的旅游产业带来新契机。2014年，青木川古镇景区成功创建为国家 AAAA 级景区。仅2014年，青木川镇就接纳了游客逾100万人次，实现旅游综合收入3亿元。旅游业的发展有效带动了当地农家乐、旅馆、旅游商品经营户等相关第三产业的发展。在 2013 年和 2014 年，全省 31 个省级文化旅游名镇考核排名中，青木川镇位居榜首。2012—2016 年，全镇旅游总收入从 0.94 亿元增加到 6.82 亿元，青木川镇农村居民人均可支配收入从 6131 元增加到 9882 元，年均增长率达 15.3%，年均增加值超过 900 元，各方面指标远超全县平均水平。伴随旅游业快速发展，居民人均可支配收入、存款总额逐年快速增加，人民生活水平不断提高，贫困发生率逐年降低。

以位于青木川古镇景区东面的东坝村为例，该村距古镇中心 0.8 千米，是景区的东大门，地势平坦，土地面积多，全村共辖 7 个村民小组 1085 人，建档立卡贫困户 42 户 120 人。近年来，随着古镇旅游的发酵升级，来青木川旅游的人数日益增多，同时也辐射带动了周边部分村民增收致富，2017 年底，全村年人均收入 10650 元。东坝村还依托旅游，推动三产不断融合，提高群众的收入来源。自该村引进宁强县千山茶叶公司实施经营主体带动脱贫以来，以土地流转、农民土地入股的方式流转土地 500 余亩，其中，流转 4 户贫困户土地 12 亩，建成有机茶叶园区 220 亩，吸纳 15 户 32 人贫困群众入园务工，稳定了群众的务工渠道和收入来源。截至 2017 年底，贫困群众户均收入增加 5000 元以上。该村还建成 50 亩草莓采摘园和 20 亩西瓜采摘园各一座，24 个大棚，2017 年建成玫瑰种植观赏园 30 余亩，共吸纳贫困群众务工 6 户 15 人。

近年来，青木川镇先后荣获"全国特色景观名镇""中国历史文化名镇""中国最美十大潜力古镇""中国最美十大乡村旅游名镇"等称号。2013 年接待游客 42 万余人次，实现综合收入 1.6 亿元，有力地带动了地方经济社会发展。2016 年 10 月 14 日，被国家发展和改革委员会、财政部以及住房和城乡建设部共同认定为第一批中国特色小镇。

在过去的 10 年里，青木川旅游产业飞速发展，游客连年攀升，从 2009 年的年接待游客 5 万余人次，到 2012 年的 20 万人次，2013 年接待游客 42 万余人次，直至 2017 年全年接待游客 162 万人次，实现旅游综合收入 7.62 亿元，同期稳步增长（表 3.1，图 3.1）。

表 3.1 陕西青木川镇旅游产业发展概况

年份	接待游客数（万人次）	增长百分比（%）	旅游收入（亿元）	增长百分比（%）
2006	3.2		0.06	
2007	4.9	53.13	0.10	66.67
2008	3.3	−32.65	0.10	0.00
2009	5.9	78.79	0.12	20.00
2010	8.2	38.98	0.21	75.00
2011	16.5	101.22	0.60	185.71
2012	26.4	60.00	0.94	56.67
2013	42.0	59.09	1.60	70.21
2014	102.4	143.81	4.30	168.75
2015	108.0	5.47	4.69	9.07
2016	146.0	35.19	6.80	44.99
2017	162.0	10.96	7.62	12.06

注：数据来源于宁强县旅游局。

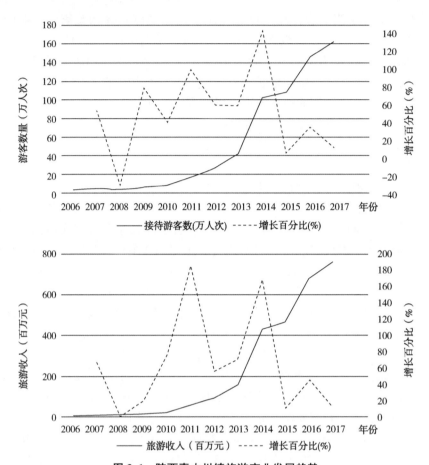

图 3.1 陕西青木川镇旅游产业发展趋势

第4章
调查内容与方法

4.1 调查时间和范围

先后于 2017 年 10~11 月、2018 年 4~5 月和 9 月，在保护区开展 3 次调查。共设计 4~10 千米的大样线 16 条，调查范围覆盖了保护区的核心区、缓冲区和实验区，调查生境包括森林、溪流、水库、农田和居民区等各种生境类型。

4.2 调查内容

调查内容包括：①哺乳类、鸟类、爬行类、两栖类、鱼类和昆虫等 6 个类群的普通调查；②羚牛、林麝、川金丝猴和猕猴 4 个物种的专项调查。

4.3 调查方法

在 2017 年 11 月、2018 年 4~5 月、2018 年 9 月，分 3 次在陕西青木川国家级自然保护区开展调查，调查区域包括核心区、缓冲区和实验区全部区域。

4.3.1 常规调查方法

抽样：抽取 10% 的保护区面积作为调查样区，在调查样区内布设样地。样地布设应充分考虑野生动物的栖息地类型、活动范围、生态习性、透视度和所使用的交通工具。对哺乳类、鸟类、爬行类、两栖类、鱼类和昆虫分别布设样地。样线宽度、样点半径、样方大小依据栖息地类型、野生动物种类、野生动物习性、观察对象确定。样线宽度的设置应使调查人员能清楚观察到两侧的野生动物及活动痕迹，样线长度应使调查人员当天能够完成一条样线调查。总体上确定了 16 条样线，样线长度在 4~6 千米，宽度（可视宽度）20~120 米 [动物痕迹可见宽度为 20 米，动物实体（鸟类）可见宽度为 120 米]。

分布调查：采用访问调查法及资料查询法。近 5 年内有人见到某种动物或者存在某种动物出现的确切证据的，认为该物种在该调查样区内有分布。野外调查发现某种野生动物实体或活动痕迹的，认为该物种在该调查样区内有分布。

栖息地调查：结合野生种群数量调查进行栖息地调查。发现野生动物实体或活动痕迹时，记录动物或活动痕迹所在地的地貌、坡度、坡位、坡向、植被类型等栖息地因子及干扰状况和保护状况。

栖息地类型：栖息地为天然植被或人工林的，记录其植被类型；栖息地为无植被的水面的，依据《关于特别是作为水禽栖息地的国家重要湿地公约》(简称《湿地公约》)，描述到类，即沼泽、湖泊、河流、河口、滩涂、浅海湿地、珊瑚礁、人工湿地；栖息地为农田的，记录到水田或旱地。根据前文对保护区地形地貌、植物植被和栖息地类型，分类并记录4种大的栖息地类型：①亚高山针阔混交林；②阔叶林；③湖泊、水库和溪流河谷等水体湿地生境；④农田、居民区和弃耕地生境。

4.3.2 昆虫调查方法

将在不同类型的生境中布设样线或样方，用网捕、灯光诱捕、饵料诱捕等方法抽样调查。记录动物名称、数量、地理位置、影像等信息。

4.3.3 鱼类调查方法

根据保护区水系分布情况，兼顾海拔和生境类型等因素，选取7个样点，在流水和净水中分别布设样线或样方，抽样捕捞进行调查。对于在野外能够识别的种类，记录动物名称、数量、地理位置、影像等信息，同时记录样线调查的行进航迹。对于野外不能识别的种类，采集少量标本，保存于无水乙醇中，带回实验室进行分类鉴定。

4.3.4 两栖爬行类调查方法

调查季节应为出蛰后的1~5个月，调查时间为晚上(日落0.5小时至日落后4小时)。

(1) 样线法

溪流型两栖动物调查宜使用样线法。沿溪流随机布设样线，沿样线行进，仔细搜索样线两侧的两栖动物，发现动物时，记录动物名称、数量、距离样线中线的垂直距离、地理位置、影像等信息，同时记录样线调查的行进航迹。样线上行进的速度以每小时1~2千米为宜。

(2) 样方法

非溪流型两栖动物调查宜使用样方法。在调查样区确定两栖动物的栖息地，在栖息地上随机布设8米×8米样方。至少四人同时从样方四边向样方中心行进，仔细搜索并记录发现的动物名称、数量、影像等。

4.3.5 鸟类调查方法

应分繁殖期和越冬期分别进行鸟类数量调查。繁殖期和越冬期调查都应在大多数种类的种群数量相对稳定的时期内进行。一般繁殖期为每年的4~7月，越冬期为12月至翌年2月。调查应在晴朗、风力不大(三级以下风力)的天气条件下进行。调查应在清晨或傍晚鸟类活动高峰期进行。

(1) 样线法

样线上行进的速度根据调查工具确定，步行宜为每小时1~2千米。发现动物时，记录动物名称、动物数量、距离样线中线的垂直距离、地理位置、影像等信息。同时记录样线调查的行进航迹。

（2）样点法

小型鸟类调查宜使用样点法。在调查样区设置一定数量的样点，样点设置应不违背随机原则，样点数量应有效地估计大多数鸟类的密度。样点半径的设置应使调查人员能发现观测范围内的野生动物。在森林、灌丛内设置的样点半径不大于 25 米，在开阔地设置的样点半径不大于 50 米。样点间距不少于 200 米。

到达样点后，宜安静休息 5 分钟后，以调查人员所在地为样点中心，观察并记录四周发现的动物名称、数量、距离样点中心距离、影像等信息。每个样点的计数时间为 10 分钟。每个动物只记录一次，对于飞出又飞回的鸟不进行计数。

（3）直接计数法

对于集群繁殖或栖息的鸟类调查宜使用直接计数法进行调查。首先通过访问调查、历史资料等确定鸟类集群时间、地点、范围等信息，并在地图上标出。在鸟类集群时进行调查，计数鸟类数量。记录集群地的位置及鸟类的种类、数量、影像等信息。

4.3.6　哺乳类调查方法

（1）样线法

样线上行进的速度根据调查工具确定，步行宜为每小时 1~2 千米。发现动物实体或其痕迹时，记录动物名称、数量、痕迹种类、痕迹数量及距离样线中线的垂直距离、地理位置、影像等信息，同时记录样线调查的行进航迹。

小型啮齿类以笼捕法或夹捕法进行调查。

（2）直接计数法

对于大规模集群繁殖或栖息的哺乳类宜使用直接计数法进行调查。首先，通过访问调查、历史资料等确定动物集群时间、地点、范围，并在地图上标出。其次，在动物集群期间进行调查，记录集群地的位置、动物种类、数量、影像等信息。

（3）红外相机法

在调查样线间隔一定距离布放红外相机，连续监测 12 个月。取得照片后，进行物种判别和计数。

4.3.7　关键物种调查方法

将依据各物种的分布、栖息地状况、生态习性等制定相应的调查方法。

川金丝猴和猕猴：调查主要是样线法、直接计数法和红外相机法。

羚牛：调查主要采取样线法、直接计数法和红外相机法。即在羚牛活动频繁区域设置红外线相机，用以获得种群及活动情况。

林麝：林麝生性机警，主要利用红外相机法进行调查，并在样线上开展痕迹调查。

4.4　数据分析

4.4.1　物种鉴定

利用《中国鸟类野外手册》《中国兽类野外手册》《中国爬行动物图鉴》《中国两栖动物图

鉴》和各类群的分类检索表进行鉴定。对那些难以识别的动物图片和标本，请各类群的分类学家进行鉴定。

4.4.2　分布推定与数量估计

对每一物种，通过在样线上的发现点，以最小凸多边形法连线作图，同时考虑该物种的适宜栖息地情况，推定该物种在保护区的分布。

对一般物种，尽量做到个体计数和痕迹计数，并计算遇见率等相对数量指标。对羚牛等重要物种，以样线或样方内单位距离和单位时间的遇见率，估计它们在保护区内的种群数量。

对于红外相机数据，以相对丰富度（Relative abundance index，RAI）衡量主要物种的数量情况。即在所获得的相片中，去除可辨认为同一动物个体在同一时间段内连续拍摄的照片后，计算物种数及相对丰富度。计算公式：

$$RAI = Ai/N \times 100\%$$

式中，RAI 代表物种相对丰富度；Ai 代表第 i 类（$i=1\cdots\cdots n$）动物出现的相片数；N 代表拍摄相片总数。

第5章

昆 虫

昆虫属于无脊椎动物节肢动物门，是地球上数量最多的动物类群，广泛分布在自然界中的各种生境。昆虫不但种类多，而且同种的个体数量也十分惊人，它们多样的适应对策保证了在各种环境条件下生存繁衍。对于任何一个特定的区域，昆虫都是不可忽视的重要生物类群。在本次调查之前，陕西青木川国家级自然保护区没有开展过对昆虫①的系统调查。在 2017—2019 年，我们先后 3 次对陕西青木川国家级自然保护区的昆虫展开调查，调查结果如下。

5.1 种类和相对数量

我们利用了捕虫网扫网、夜间灯诱诱集、震布震落和杯诱的方法在野外进行了标本的采集，通过野外识别和实验室对标本的鉴定，汇报陕西青木川国家级自然保护区昆虫以及蜘蛛的情况如下。

陕西青木川国家级自然保护区的昆虫及蜘蛛共有 19 目 125 科 345 属 422 种（表5.1）。从目阶元来看，鞘翅目（Coleoptera）种类占绝对优势，共有 21 科 111 属 142 种，占保护区昆虫种类总数的 33.65%。从科级分类阶元来看，象虫科（Curculionidae）种类最多，共计 48 种，占保护区昆虫种类总数的 11.37%；其次是步甲科（Carabidae），共计 39 种，占保护区昆虫种类总数的 9.24%。石蛃目（Microcoryphia）、蜚蠊目（Blattaria）、等翅目（Isoptera）、螳螂目（Mantodea）、革翅目（Dermaptera）、䗛目（Phasmatodea）、脉翅目（Neuroptera）、毛翅目（Trichoptera）和长翅目（Mecoptera）的种类较少，各自都分布 1 种。

5.2 分布与栖息地

从生境类型和区内分布来看，鳞翅目蝴蝶类大多分布在保护区的缓冲区和实验区开放的山坡、道路及河道沙地中；其他的类群则比较广布，核心区、缓冲区及实验区都有分布。

其中，鞘翅目象虫科的玉米象，在实验区的水稻田中大量分布，另外，居民家中谷仓内储藏的稻谷和玉米等粮食也有大量的玉米象。总之，缓冲区的昆虫种类最为丰富，分布于开放的山坡、阔叶和灌木混交林以及河滩草地；其次是实验区，农田、田间沟壑、堤坝等地有分布，昆虫分布种类与缓冲区的昆虫较为相似；核心区的种类最为贫乏，但是郁闭林间的朽木、针叶林、林间开放山坡也有一些独特的种类分布。

---

① 狭义的昆虫指昆虫纲节肢动物的物种，但在调查中，蜘蛛（蛛形目）常与昆虫同时出现，很常见。因此，本文中的"昆虫"包括昆虫纲和蛛形目的物种。

表 5.1 陕西青木川国家级自然保护区昆虫

目	科	中文名	拉丁学名	相对丰度	备注
石蛃目 Microcoryphia	石蛃科 Machilidae	异蛃属某种	*Allopsontus* sp.	+	
	等蛃科 Isonychiidae	等蛃属某种	*Isonychia* sp.	+++	
	细裳蜉科 Leptophlebiidae	思罗蜉属某种	*Thraulus* sp.	+++	
		宽基蜉属某种	*Choroterpes* sp.	+++	
	河花蜉科 Potamanthidae	红纹蜉属某种	*Rhoenanthus* sp.	+++	
蜉蝣目 Ephemeroptera	新蜉科 Neoephemeridae	埃氏小河蜉	*Potamanthellus edmundsi* Bae & McCafferty, 1998	+++	
	蜉蝣科 Ephemeridae	梧州蜉	*Ephemera wuchouensis* Hsu, 1937	+++	
		徐氏蜉	*Ephemera hsui* Zhang et al., 1995	+++	
	扁蜉科 Heptageniidae	红斑似动蜉	*Cinygmina rubromaculata* You et al., 1981	+++	
		小蜉	*Heptagenia minor* She et al., 1995	+++	
	短丝蜉科 Siphlonuridae	戴氏短丝蜉	*Siphlonurus davidi* (Navás, 1932)	+++	
	色蟌科 Calopterygidae	黄翅绿色蟌	*Mnais tenuis* Oguma, 1913	++	
		单脉色蟌属	*Matrona* sp.	++	
		透顶单脉色蟌	*Matrona basilaris* Selys, 1853	++	
		神女单脉色蟌	*Matrona oreades* Hämäläinen, Yu & Zhang, 2011	++	
蜻蜓目 Odonata	溪蟌科 Euphaeidae	巨齿尾溪蟌	*Bayadera melanopteryx* Ris, 1912	++	
	扇蟌科 Platycnemididae	黄纹长腹扇蟌	*Coeliccia cyanomelas* Ris, 1912	+++	
	蜓科 Aeshnidae	黑纹伟蜓	*Anax nigrofasciatus* Oguma, 1915	+++	
	蜻科 Libellulidae	黄蜻	*Pantala flavescens* (Fabricius, 1798)	+++	
蜚蠊目 Blattaria	姬蠊科 Blattellidae	双纹小蠊	*Blattella bisignata* Brunner von Wattenwyl, 1893	+++	
等翅目 Isoptera	鼻白蚁科 Rhinotermitidae	散白蚁属	*Reticulitermes* Holmgren, 1913	++	
襀翅目 Plecoptera	襀科 Perlidae	黄斑钩襀	*Kamimuria flavimacula*	++	*
		钩襀属种二	*Kamimuria* sp. 2	++	*
		新襀属某种	*Neoperla* sp.	++	*

（续）

目	科	中文名	拉丁学名	相对丰富度	备注
	𧌖科 Perlidae	大白新𧌖	*Neoperla taibaina* Du, 2005	++	
		新𧌖属种三	*Neoperla* sp. 3	++	
		新𧌖属种四	*Neoperla* sp. 4	++	
	刺𧌖科 Styloperlidae	曲刺刺𧌖	*Styloperla flectospina* (Wu, 1962)	++	
𧌖翅目 Plecoptera	叉𧌖科 Nemouridae	广东倍叉𧌖	*Amphinemura guangdongensis* Yang, Li & Zhu, 2004	++	
		倍叉𧌖属种二	*Amphinemura* sp. 2	++	
		陕西诺𧌖	*Rhopalopsole shaanxiensis* Yang & Yang, 1994	++	
	卷𧌖科 Leuctridae	基黑诺𧌖	*Rhopalopsole basinigra* Yang & Yang, 1995	++	
		中华诺𧌖	*Rhopalopsole sinensis* Yang & Yang, 1993	++	
		叉突诺𧌖	*Rhopalopsole furcata* Yang & Yang, 1994	++	
螳螂目 Mantodea	螳科 Mantidae	中华大刀螳	*Tenodera sinensis* Saussure, 1871	+++	
革翅目 Dermaptera	球蠼科 Forficulidae	异蠼	*Allodahlia scabriuscula* (Serville, 1839)	++	
		刺羊角蚱	*Criotettix bispinosus* (Dalman, 1818)	+++	
	蚱科 Tetrigidae	武陵山刺翼蚱	*Scelimena wulingshana* Zheng, 1992	+++	
		钻形蚱	*Tetrix subulata* (Linnaeus, 1761)	+++	
		波氏蚱	*Tetrix bolivari* Saulcy, 1901	+++	
		中华稻蝗	*Oxya chinensis* (Thunberg, 1825)	+++	
直翅目 Orthoptera		短角外斑腿蝗	*Xenocatantops brachycerus* (C. Willemse, 1932)	+++	
	蝗科 Acrididae	日本黄脊蝗	*Patanga japonica* (I. Bolivar, 1898)	+++	
		红胫小车蝗	*Oedaleus manjius* Chang, 1939	+++	
		青脊竹蝗	*Ceracris nigricornis nigricornis* Walker, 1870	+++	
		长颏负蝗	*Atractomorpha lata* (Motachoulsky, 1866)	+++	
	蝼蛄科 Grylloidea	东方蝼蛄	*Gryllotalpa orientalis* Burmeister, 1838	+++	
	蟋蟀科 Gryllidae	黄脸油葫芦	*Teleogryllus emma* (Ohmachi & Matsumura, 1951)	+++	

（续）

目	科	中文名	拉丁学名	相对丰富度	备注
	蟋蟀科 Gryllidae	长瓣树蟋	*Oecanthus longicaudus* Matsumura, 1904	+++	
		迷卡斗蟋	*Velarifictorus micado* (Saussure, 1877)	+++	
		马来长额蟋	*Patiscus malayanus* Chopard, 1969	+++	
		铁蟋属某种	*Sclerogryllus* sp.	+++	
直翅目 Orthoptera		榴头蟋属某种	*Loxoblemmus* sp.	+++	
	蛉蟋科 Trigonidiidae	双带斯蛉蟋	*Sustella bifasciata* (Shiraki, 1911)	++	
	露斯科 Tettigoniidae	日本纺织娘	*Mecopoda niponensis* (Haan, 1843)	+++	
		素色似织螽	*Hexacentrus unicolor* Serville, 1831	+++	
		簑螽属某种	*Atlanticus* sp.	+++	
䗛目 Phasmatodea	䗛科 Phasmatidae	短肛䗛属某种	*Baculum* sp.	++	
	扁蝽科 Aradidae	刺扁蝽	*Aradus spinicollis* Jakovlev, 1880	++	
	跳蝽科 Ochteridae	黄边跳蝽	*Ochterus marginatus* (Latreille, 1804)	++	
		茶翅蝽	*Halyomorpha halys* (Stål, 1855)	+++	
		稻绿蝽	*Nezara viridula* (Linnaeus, 1758)	+++	
		滴蝽	*Dybowskyia reticulata* (Dallas, 1851)	++	
		点蝽	*Tolumnia latipes* (Dallas, 1851)	+++	
半翅目 Hemiptera	蝽科 Pentatomidae	二星蝽	*Eysarcoris guttiger* (Thunberg, 1783)	+++	
		广二星蝽	*Eysarcoris ventralis* (Westwood, 1837)	+++	
		红角辉蝽	*Carbula crassiventris* (Dallas, 1849)	+++	
		辉蝽	*Carbula humerigera* (Uhler, 1860)	+++	
		蓝蝽	*Zicrona caerulea* (Linnaeus, 1758)	+++	
		绿岱蝽	*Dalpada smaragdina* (Walker, 1868)	++	
		绿点益蝽	*Picromerus viridipunctatus* Yang, 1934	++	
		麻皮蝽	*Erthesina fullo* (Thunberg, 1783)	+++	

（续）

目	科	中文名	拉丁学名	相对丰富度	备注
半翅目 Hemiptera	蝽科 Pentatomidae	锚纹二星蝽	Eysarcoris montivagus (Distant, 1902)	++	
		珀蝽	Plautia crossota (Dallas, 1851)	++	
		斯氏珀蝽	Plautia stali Scott, 1874	++	
		圆颊珠蝽	Rubiconia peltata Jakovlev, 1890	++	
		蕓蝽	Vitellus orientalis Distant, 1900	++	
		紫蓝曼蝽	Menida violacea Motschulsky, 1861	+++	
	大红蝽科 Largidae	突背斑红蝽	Physopelta gutta (Burmeister, 1834)	+++	
		小斑红蝽	Physopelta cincticollis Stål, 1863	+++	
	大眼长蝽科 Geocoridae	宽大眼长蝽	Geocoris varius (Uhler, 1860)	+++	
		淡角缢胸长蝽	Gyndes pallicornis (Dallas, 1852)	++	
	地长蝽科 Rhyparochromidae	林长蝽	Drymus sylvaticus (Fabricius, 1775)	++	
		毛肩长蝽属某种	Neolethaeus sp.	++	
	盾蝽科 Scutelleridae	扁盾蝽	Eurygaster testudinaria (Geoffroy, 1785)	++	
		桑宽盾蝽	Poecilocoris druraei (Linnaeus, 1771)	++	
	杆长蝽科 Blissidae	巨胺长蝽属某种	Macropes sp.	++	
	龟蝽科 Plataspidae	斑足平龟蝽	Brachyplatys punctipes Montandon, 1894	+++	
		大华龟蝽	Tarichea chinensis (Dallas, 1851)	+++	
		黎黑圆龟蝽	Coptosoma nigricolor Montandon, 1896	++	
		孟达圆龟蝽	Coptosoma mundum Bergroth, 1892	++	
		双列圆龟蝽	Coptosoma bifarium Montandon, 1897	++	
		显著圆龟蝽	Coptosoma notabile Montandon, 1894	++	
	红蝽科 Pyrrhocoridae	阔胸光红蝽	Dindymus lanius Stål, 1863	++	
	姬蝽科 Nabidae	山高姬蝽	Gorpis brevilineatus (Scott, 1874)	++	
		小翅姬蝽	Nabis apicalis Matsumura, 1913	++	

（续）

目	科	中文名	拉丁学名	相对丰富度	备注
	姬缘蝽科 Rhopalidae	褐伊缘蝽	Rhophalus sapporensis（Matsumura，1905）	++	
	荔蝽科 Tessaratomidae	巨蝽	Eusthenes robustus（Lepeletier & Serville，1828）	++	
		异色巨蝽	Eusthenes cupreus（Westwood，1837）	++	
	猎蝽科 Reduviidae	二色赤猎蝽	Haematoloecha nigrorufa（Stål，1867）	+++	
		黑脂猎蝽	Velinus nodipes（Uhler，1860）	+++	
		黄纹盗猎蝽	Peirates atromaculatus（Stål，1870）	+++	
		霜斑素猎蝽	Epidaus famulus（Stål，1863）	+++	
		污黑盗猎蝽	Peirates turpis Walker，1873	+++	
		云斑瑞猎蝽	Rhynocoris incertus（Distant，1903）	+++	
		斑纹毛盲蝽	Lasiomiris picturatus Zheng，1986	+++	
		泛泰盲蝽	Taylorilygus apicalis（Fieber，1861）	+++	
		褐亥盲蝽	Hekista nonitius（Distant，1904）	++	
	盲蝽科 Miridae	苜蓿盲蝽属某种	Adelphocoris sp.	++	
		萨盲蝽属某种	Sabactus sp.	++	
		树丽盲蝽属某种	Arbolygus sp.	++	
		纹翅盲蝽	Mermitelocerus annulipes Reuter，1908	+++	
		狭颈纹唇盲蝽	Charagochilus angusticollis Linnavuori，1961	+++	
		直头盲蝽属某种	Orthocephalus sp.	+++	
		中黑苜蓿盲蝽	Adelphocoris suturalis（Jakovlev，1882）	+++	
	黾蝽科 Gerridae	林氏巨洞黾蝽	Potamometra linnavuorii Chen，Nieser & Bu，2016	+++	
		黾蝽属某种	Gerris sp.	+++	
		中华大洞黾蝽	Rhyacobates chinensis Hungerford & Matsuda，1959	++	
	奇蝽科 Enicocephalidae	光背奇蝽属某种	Stenopirates sp.	++	
半翅目 Hemiptera	跷蝽科 Berytidae	圆肩跷蝽	Metatropis longirostris Hsiao，1974	++	

（续）

目	科	中文名	拉丁学名	相对丰富度	备注
半翅目 Hemiptera	茎翅长蝽科 Heterogastridae	中华异腹长蝽	*Heterogaster chixensis* Zou & Zheng, 1981	++	
	梭长蝽科 Pachygronthidae	拟黄纹梭长蝽	*Pachygrontha similis* Uhler, 1896	++	
		须梭长蝽	*Pachygrontha antennata* (Uhler, 1860)	++	
	跳蝽科 Saldidae	跳蝽	*Sinosalda insolita* Vinokurov, 2004	++	
	同蝽科 Acanthosomatidae	川同蝽	*Acanthosoma sichuanense* (Liu, 1980)	++	
		穆里同蝽	*Acanthosoma murreeanum* (Distant, 1900)	++	
		伊锥同蝽	*Sastragala esakii* Hasegawa, 1959	++	
	土蝽科 Cydnidae	冈土蝽	*Crocistethus major* Hsiao, 1977	+++	
	异蝽科 Urostylidae	淡边盲异蝽	*Urolabida marginata* Hsiao & Ching, 1977	++	
		拟壮异蝽	*Urochela caudata*（Yang, 1939）	++	
		暗黑缘蝽	*Hygia opaca*（Uhler, 1861）	+++	
		稻棘缘蝽	*Cletus punctiger*（Dallas, 1852）	++	
		黑刺棘缘蝽	*Cletus punctulatus*（Westwood, 1842）	++	
	缘蝽科 Coreidae	环胝黑缘蝽	*Hygia lativentris*（Motschulsky, 1866）	++	
		瘤缘蝽	*Acanthocoris scaber*（Linnaeus, 1763）	++	
		无斑同缘蝽	*Prismatocerus inornatus*（Stål, 1873）	++	
		月肩奇缘蝽	*Molipteryx lunata*（Distant, 1900）	++	
		黑头柄眼长蝽	*Aethalotus nigriventris* Horváth, 1914	++	
	长蝽科 Lygaeidae	蒴长蝽属某种	*Pylorgus* sp.	++	
		韦肿胝长蝽	*Arocatus melanostoma* Stål, 1874	++	
		小长蝽属某种	*Nysius* sp.	++	
	朱蝽科 Parastrachiidae	日本未蝽	*Parastrachia japonensis*（Scott, 1880）	+++	
	蛛缘蝽科 Alydidae	中稻缘蝽	*Leptocorisa chinensis* Dallas, 1852	+++	
		点蜂缘蝽	*Riptortus pedestris*（Fabricius, 1775）	+++	

（续）

目	科	中文名	拉丁学名	相对丰富度	备注
	蝉科 Cicadidae	青龄蛄	*Pycna coelestia* Distant, 1904	+++	
	象蜡蝉科 Dictyopharidae	瘤鼻象蜡蝉	*Saigona fulgoroides*（Walker, 1858）	++	
		月纹丽象蜡蝉	*Orthopagus lunulifer* Uhler, 1896	+++	
	菱蜡蝉科 Cixiidae	库菱蜡蝉属某种	*Kuvera* sp.	++	
		安菱蜡蝉属种一	*Andes* sp. 1	++	
		安菱蜡蝉属种二	*Andes* sp. 2	++	
	蜡蝉科 Fulgoridae	斑衣蜡蝉	*Lycorma delicatula*（White, 1845）	++	
	广翅蜡蝉科 Ricaniidae	八点广蜡蝉	*Ricania speculum*（Walker, 1851）	+++	
		透明疏广蜡蝉	*Euricania clara* Kato, 1932	+++	
	袖蜡蝉科 Derbidae	湖北长袖蜡蝉	*Zoraida hubeiensis* Chou & Huang, 1985	++	
		红袖蜡蝉	*Diostrombus politus* Uhler, 1896	+++	
半翅目 Hemiptera	角蝉科 Membracidae	圆肩耳角蝉	*Maurya rotundidenticula* Yuan, 1988	++	
		拟基三刺角蝉	*Tricentrus pseudobasalis* Yuan & Fan, 2002	++	
		白胸三刺角蝉	*Tricentrus allabens* Distant, 1916	++	
		刀角无齿角蝉	*Nondenticentrus scalpellicornis* Yuan & Zhang, 2002	++	
	沫蝉科 Cercopidae	中脊沫蝉	*Mesoptyelus decorates* Melichar	++	
		斑带丽沫蝉	*Cosmoscarta bispecularos*（White, 1844）	+++	
		伟尖胸沫蝉	*Aphrophora corticina* Melichar	++	
		红头凤尾沫蝉	*Paplnutius ruficeps*（Melichar, 1915）	++	
		方斑铲头沫蝉	*Clovia quadrangularis* Metcalf & Horton, 1934	++	
		拟沫蝉属某种	*Paracercopis* sp.	++	
		褐色曙沫蝉	*Eoscarta assimilis*（Uhler, 1896）	+++	
		二点尖胸沫蝉	*Aphrophora bipunctata* Melichar	+++	

（续）

目	科	中文名	拉丁学名	相对丰富度	备注
半翅目 Hemiptera	叶蝉科 Cicadellidae	色条大叶蝉	Akinsoniella opponens (Walker, 1851)	+++	
		黑缘条大叶蝉	Akinsoniella heijuana Li, 1992	+++	
		黑尾凹大叶蝉	Bothrogonia ferruginea (Fabricius, 1787)	+++	
		黑条边大叶蝉	Kolla nigrifascia Yang & Li, 2000	+++	
		黑色斑大叶蝉	Anatkina candidipes (Walker, 1858)	+++	
		大青叶蝉	Cicadella viridis (Linnaeus)	+++	
	蚜科 Aphidae	蚜属种一	Aphis sp. 1	+++	
		蚜属种二	Aphis sp. 2	+++	
		板栗大蚜	Lachnus tropicalis (van der Goot, 1916)	+++	
脉翅目 Neuroptera	蝶角蛉科 Ascalaphidae	蝶角蛉幼虫属	Ascalaphidae sp.	+	
毛翅目 Trichoptera	长角石蛾科 Leptoceridae	黑长须角石蛾	Mystacides elongatus Yamamoto & Ross, 1966	++	
长翅目 Mecoptera	蝎蛉科 Panorpidae	新蝎蛉属	Neopanorpa sp.	++	
鞘翅目 Coleoptera	龙虱科 Dytiscidae	毛茎斑龙虱	Hydaticus rhantoides Sharp, 1882	++	
	步甲科 Carabidae	暗步甲属种一	Amara sp. 1	+++	
		暗步甲属种二	Amara sp. 2	++	
		淡足纤步甲	Anchomenus leucopus Bates, 1873	+++	
		点翅斑步甲	Anisodactylus punctatipennis Morawitz, 1862	+++	
		拟光背锥须步甲	Bembidion lissonotoides Kirschenhofer, 1989	+++	
		锥须步甲属某种	Bembidion sp.	+++	
		丽齿步甲属某种	Calleida sp.	+++	
		纤美步甲	Callistomimus modestus (Schaum, 1863)	+++	
		大步甲属某种	Carabus sp.	++	
		黄边青步甲	Chlaenius circumdatus Brulle, 1835	++	
		狭边青步甲	Chlaenius inops Chaudoir, 1856	++	
		淡足青步甲	Chlaenius pallipes Gebler, 1823	+++	

（续）

目	科	中文名	拉丁学名	相对丰富度	备注
鞘翅目 Coleoptera	步甲科 Carabidae	青步甲属某种	*Chlaenius* sp.	+++	
		异角青步甲	*Chlaenius variicornis* Morawitz, 1863	+++	
		逗斑青步甲	*Chlaenius virgulifer* Chaudoir, 1876	++	
		陕咮青步甲	*Chlaenius wrasei* Kirschenhofer, 1997	++	
		股二叉步甲	*Dicranoncus femoralis* Chaudoir, 1850	+++	
		红胸蠋步甲	*Dolichus halensis* (Schaller, 1783)	+++	
		铜绿婪步甲	*Harpalus chalcentus* Bates, 1873	+++	
		福建婪步甲	*Harpalus fokienensis* Schauberger, 1930	+++	
		毛婪步甲	*Harpalus griseus*(Panzer, 1796)	++	
		肖毛婪步甲	*Harpalus jureceki*(Jedlicka, 1928)	+++	
		中华婪步甲	*Harpalus sinicus* Hope, 1845	+++	
		三齿婪步甲	*Harpalus tridens* Morawitz, 1862	++	
		壶步甲属种一	*Lebia* sp. 1	++	
		壶步甲属种二	*Lebia* sp. 2	+++	
		环带蓑行步甲	*Loxoncus circumcinctus* (Motschulsky, 1858)	++	
		布氏盘步甲	*Metacolpodes buchanani* (Hope, 1831)	++	
		盘步甲属某种	*Metacolpodes* sp.	++	
		心步甲属某种	*Nebria* sp.	+++	
		中华爪步甲	*Onycholabis sinensis* Bates, 1873	+++	
		耶屁步甲	*Pheropsophus jessoensis* Morawitz, 1862	+++	
		平步甲属某种	*Platynus* sp.	+++	
		锯步甲属某种	*Pristosia* sp.	+++	
		小头通缘步甲	*Pterostichus microcephalus* Motschulsky, 1860	+++	
		五斑狭胸步甲	*Stenolophus quinquepustulatus* (Wiedemann, 1823)	+++	

（续）

目	科	中文名	拉丁学名	相对丰富度	备注
鞘翅目 Coleoptera	步甲科 Carabidae	行步甲属某种	*Trechus* sp.	+++	
		列毛步甲属种一	*Trichotichnus* sp. 1	+++	
		列毛步甲属种二	*Trichotichnus* sp. 2	+++	
	距甲科 Megalopodidae	七星距甲	*Temnaspis septemmaculata*（Hope，1831）	+	
	虎甲科 Cicindelidae	中国虎甲	*Cicindela chinensis* De Geer，1774	+++	
	葬甲科 Silphidae	红胸丽葬甲	*Necrophila brunnicollis*（Kraatz，1877）	++	
		尼负葬甲	*Necrophorus nepalensis* Hope	++	
	隐翅虫科 Staphylinidae	大唇隐翅虫属某种	*Rhynchocheilus* sp.	++	
		虎隐翅虫属某种	*Stenus* sp.	++	
		毒隐翅虫属某种	*Paederus* sp.	++	
		隐翅虫属某种	*Bledius* sp.	++	
	粪金龟科 Geotrupidae	戴氏联斑蜣螂	*Synapsis davidis* Fairmaire，1878	+++	
	锹甲科 Lucanidae	黄褐前凹锹甲	*Prosopocoilus blanchardi*（Parry，1873）	+	
	花金龟科 Cetoniidae	黄毛阔花金龟	*Torynorhina fulvopilosa*（Moser，1911）	++	
		绿唇花金龟	*Trigonophorus rothschildii* Fairmaire，1891	++	
		赭翅臀花金龟	*Campsiura mirabilis*（Faldermann，1835）	+++	
	丽金龟科 Rutelidae	沥斑鳞花金龟	*Cosmiomorpha decliva* Janson，1890	++	
		筧带鹿花金龟	*Dicronocephalus adamsi* Pascoe，1863	+++	
		亮绿彩丽金龟	*Mimela dehaani*（Hope，1839）	++	
		蓝边矛丽金龟	*Callistethus plagiicollis plagiicollis*（Fairmaire，1886）	++	
		毛斑喙丽金龟	*Adoretus tenuimaculatus* C. O. Waterhouse，1875	++	
		弯股彩丽金龟	*Mimela excisipes* Reitter，1903	++	
	吉丁科 Buprestidae	窄吉丁属某种	*Agrilus* sp.	++	
	叩甲科 Elateridae	筛胸叩甲属某种	*Athousius* sp.	+++	

— 25 —

（续）

目	科	中文名	拉丁学名	相对丰度	备注
鞘翅目 Coleoptera	花萤科 Cantharidae	黑胸红翅红萤属某种	Xylobanellus sp.	++	
	天牛科 Cerambycidae	虎天牛属某种	Xylotrechus sp.	+++	
		菊小筒天牛	Phytoecia rufiventris Gautier, 1870	+	
		坡天牛属某种	Pterolophia sp.	++	
		云斑白条天牛	Batocera lineolata Chevrolat, 1852	++	
		桑黄星天牛	Psacothea hilaris (Pascoe, 1857)	++	
		蜡斑齿胫天牛	Paraleprodera carolina Faimaire, 1899	++	
		眼斑齿胫天牛	Paraleprodera diophthalma (Pascoe, 1857)	++	
		长附萤叶甲属某种	Monolepta sp.	+++	
	叶甲科 Chrysomelidae	绿豆象	Callosobruchus chinensis (Linnaeus, 1758)	+++	
		水麻波叶甲	Potaninia assamensis (Baly, 1879)	+++	
		凸背圆胸叶甲	Taipinus convexus Daccordi & Ge, 2011	+++	
		金叶甲属某种	Chrysolina sp.	+++	
		中华萝藦叶甲	Chrysochus chinensis Baly, 1859	+++	
		核桃扁叶甲	Gastrolina depressa Baly, 1859	+++	
		异斑角胫叶甲	Gonioctena bedzeki (Mannerheim, 1853)	+++	
		蒿金叶甲	Chrysolina aurichalcea (Mannerheim, 1825)	+++	
		蓝色九节跳甲	Nonarthra cyaneum Baly, 1874	+++	
		柱萤叶甲属某种	Gallerucida sp.	+++	
		中华柱胸叶甲	Agrosteomela chinensis Weise, 1922	+++	
	小蠹科 Scolytidae	大和锉小蠹	Scolytoplatypus mikado Blandford, 1893	++	
		十二齿小蠹	Ips sexdentatus (Börner, 1776)	++	
	长角象科 Anthribidae	黑白长角象	Eucorynus crassicornis Fabricius, 1801	+	
	卷象科 Attelabidae	切叶象属某种	Deporaus sp.	++	

（续）

目	科	中文名	拉丁学名	相对丰富度	备注
鞘翅目 Coleoptera	卷象科 Attelabidae	锐卷象属某种	Tomapoderus sp.	+++	
		伪圆斑卷象	Paroplapoderus fallax (Gyllenhal, 1839)	++	
		文象属某种	Involvulus sp.	+++	
		膝卷象	Heterapoderus geniculatus (Jekel, 1860)	++	
		油茶文象	Involvulus cognatus Voss, 1958	++	
		短喙卷象	Euops lespedezae ˊKôno, 1927)	+++	
	三锥象科 Brentidae	柳婴象属某种	Melanapion sp.	+++	
		梯胸象属某种	Pseudopiezotrachelus sp.	+++	
		船象属种一	Baris sp. 1	++	
		船象属种二	Baris sp. 2	++	
		花船象属某种	Anthinobaris sp.	++	
		大眼象属某种	Metialma sp.	++	
		凸胸大眼象属某种	Talimanus sp.	+	
	象虫科 Curculionidae	淡灰瘤象	Dermatoxenus caesicollis (Gyllenhal, 1833)	++	
		淡绿丽纹象	Myllocerinus vossi (Lona, 1937)	++	
		稻象甲	Echinocnemus squameus (Billberg, 1820)	++	
		二结光洼象	Gasteroclisus binodulus (Boheman, 1835)	+++	
		方格毛角象	Ptochidius tessellatus (Motschulsky, 1858)	+++	
		甘薯长足象	Sternuchopsis waltoni (Boheman, 1844)	++	
		玉米象	Sitophilus zeamais (Motschulsky, 1855)	+++	
		谷象	Sitophilus granarius (Linnaeus, 1758)	++	
		邵武龟象	Cardipennis shaowuensis (Voss, 1958)	++	
		沟胸龟象	Cardipennis sulcithorax (Hustache, 1916)	+++	
		龟象属种一	Ceutorhynchus sp. 1	+++	

（续）

目	科	中文名	拉丁学名	相对丰富度	备注
		龟象属种二	Ceutorhynchus sp. 2	++	
		卵圆龟象某种	Homorosoma sp.	++	
		光腿龟象某种	Rhinoncus sp.	++	
		有翅刺龟象某种	Scleropteroides sp.	+++	
		紫堇龟象某种	Sirocalodes sp.	++	
		白斑象属某种	Xenysmoderodes sp.	++	
		花象属种一	Anthonomus sp. 1	++	
		花象属种二	Anthonomus sp. 2	++	
		花象属种三	Anthonomus sp. 3	+++	
		坑沟象属种一	Hyperstylus sp. 1	+++	
		坑沟象属种二	Hyperstylus sp. 2	+++	
鞘翅目 Coleoptera	象虫科 Curculionidae	丽纹象属某种	Myllocerinus sp.	+++	
		漏芦菊花象	Larinus scabrirostris Faldermann, 1835	++	
		毛角象属某种	Ptochidius sp.	++	
		三带筒喙象	Lixus distortus Csiki, 1934	+++	
		树叶象属某种	Phyllobius sp.	++	
		细纹根瘤象	Sitona lineelus (Bonsdorff, 1785)	++	
		象虫属种一	Curculio sp. 1	++	
		象虫属种二	Curculio sp. 2	++	
		哈氏象	Curculio haroldi (Faust, 1890)	++	
		万具象	Curculio hsifaunus (Heller, 1927)	+++	
		朽木象属某种	Phloeophagosoma sp.	+	
		圆筒喙象	Lixus mandaranus fukienensis Voss	+++	
		中国多露象	Polydrosus chinensis Kôno & Morimoto, 1960	+++	

（续）

目	科	中文名	拉丁学名	相对丰富度	备注
鞘翅目 Coleoptera	象虫科 Curculionidae	籽象	*Tychius albolineatus* Motschulsky, 1859	++	
		绒象属种一	*Demimaea* sp. 1	++	
		绒象属种二	*Demimaea* sp. 2	++	
		类花象属某种	*Dorytomus* sp.	++	
		榆大盾象	*Magdalis armigera* (Geoffroy, 1785)	+++	
		灌县癞象	*Episomus kuanhsiensis* Heller, 1923	++	
		宽肩象	*Ectatorhinus adamsi* (Pascoe, 1872)	++	
		铜光长足象	*Alcidodinae scenicus* (Faust, 1894)	++	
	瓢甲科 Coccinellidae	异色瓢虫	*Harmonia axyridis* (Pallas, 1773)	+++	
鳞翅目 Lepidoptera	夜蛾科 Noctuidae	毛目夜蛾	*Erebus pilosa* (Leech, 1900)	++	
		污灯蛾属某种	*Spilarctia* sp.	++	
		丽灯蛾属某种	*Aglaomorpha* sp.	++	
	舟蛾科 Notodontidae	同心舟蛾	*Homocentridia concentrica* (Oberthür, 1911)	++	
		大半齿舟蛾	*Semidonta basalis* (Moore, 1865)	++	
	天蛾科 Sphingidae	华南鹰翅天蛾	*Ambulyx ochracea* Butler, 1885	+++	
		洋麻圆钩蛾	*Cyclidia substigmaria* (Hübner, 1831)	+++	
	粉蝶科 Pieridae	东方菜粉蝶	*Pieris canidia* (Sparrman, 1768)	+++	
		菜粉蝶	*Pieris rapae* (Linnaeus, 1758)	+++	
		尖角黄粉蝶	*Eurema laeta* Boisduval, 1836	+++	
		橙黄豆粉蝶	*Colias fieldii* Ménétriés, 1855	+++	
	蛱蝶科 Nymphalidae	斐豹蛱蝶	*Argynnis hyperbius* (Linnaeus, 1763)	+++	
		秀蛱蝶	*Pseudergolis wedah* (Kollar, 1848)	+++	
		拟斑脉蛱蝶	*Hestina persimilis* (Westwood, 1850)	+++	
		大二尾蛱蝶	*Polyura eudamippus* (Doubleday, 1843)	+++	

（续）

目	科	中文名	拉丁学名	相对丰度	备注
	蛱蝶科 Nymphalidae	大红蛱蝶	*Vanessa indica*（Herbst, 1794）	+++	
		翠蓝眼蛱蝶	*Junonia orithya*（Linnaeus, 1758）	++	
	凤蝶科 Papilionidae	宽带凤蝶	*Papilio nephelus* Boisduval, 1836	+++	
		巴黎翠凤蝶	*Papilio paris* Linnaeus, 1758	+++	
		蓝美凤蝶	*Papilio protenor* Cramer, 1775	++	
		柑橘凤蝶	*Papilio xuthus* Linnaeus, 1758	++	
鳞翅目 Lepidoptera	绢蝶科 Parnassiidae	冰清绢蝶	*Parnassius glacialis* Butler, 1866	++	
	灰蝶科 Lycaenidae	塔洒灰蝶	*Satyrium thalia*（Leech, 1893）	+++	
		拟稻眉眼蝶	*Mycalesis francisca*（Stoll, 1780）	+++	
	眼蝶科 Satyridae	婴眼蝶属某种	*Yphima* sp.	+++	
		深山黛眼蝶	*Lethe hyrania*（Kollar, 1844）	+++	
	斑蛾科 Zygaenidae	鹿斑蛾属某种	*Illiberis* sp.	++	
	斑蝶科 Danaidae	虎斑蝶	*Danaus genutia*（Cramer, 1779）	++	
	蜂虻科 Bombyliidae	大蜂虻	*Bombylius major* Linnaeus, 1758	+	
		白斑蜂虻属某种	*Bombylella* sp.	+	
		姬蜂虻属某种	*Systropus* sp.	++	
	毛蚊科 Bibionidae	钝刺毛蚊	*Bibio obtusus* Yang & Li, 2004	+++	
	烛大蚊科 Cylindrotomidae	烛大蚊属某种	*Cylindrotoma* sp.	++	
双翅目 Diptera	大蚊科 Tipulidae	暗缘尖大蚊	*Tipula shirakii* Edwards, 1916	++	
		舌中突大蚊	*Tipula barnesiana* Alexander, 1963	++	
	长足虻科 Dolichopodidae	小异长足虻属某种	*Chrysotus* sp.	++	
	舞虻科 Empididae	喜舞虻属某种	*Hilara* sp.	++	
		舞虻属某种	*Empis* sp.	++	
	鹬虻科 Rhagionidae	鹬虻属某种	*Rhagio* sp.	++	

（续）

目	科	中文名	拉丁学名	相对丰富度	备注
双翅目 Diptera	鹬虻科 Rhagionidae	金鹬虻属某种	Chrysopilus sp.	++	
	缟蝇科 Lauxaniidae	黑缟蝇属某种	Minettia sp.	+++	
		同脉缟蝇属某种一	Homoneura sp. 1	+++	
		同脉缟蝇属某种二	Homoneura sp. 2	+++	
		同脉缟蝇属某种三	Homoneura sp. 3	+++	
		同脉缟蝇属某种四	Homoneura sp. 4	+++	
	甲蝇科 Celyphidae	甲蝇属某种	Celyphus sp.	+++	
	水虻科 Straiomyiidae	白毛科洛曼水虻	Kolomania albopilosa（Nagatomi，1975）	++	
	寄蝇科 Tachinidae	长形长爪寄蝇属某种	Dolichopodominho sp.	++	
膜翅目 Hymenoptera	胡蜂科 Vespidae	金环胡蜂	Vespa mandarina Smith，1852	++	
		墨胸胡蜂	Vespa velutina nigrithorax du Buysson，1905	+++	
		基胡蜂	Vespa basalis Smith，1852	+++	
		柑马蜂	Polistes mandarinus de Saussure，1853	+++	
	蜜蜂科 Apidae	中华蜜蜂	Apis cerana Fabricius，1793	+++	
蜘蛛目 Araneae	盗蛛科 Pisauridae	拟驼盗蛛	Pisaura sublama Zhang，2000	+++	
		绞蛛属某种	Dolomedes sp.	++	
		家福黔舌蛛	Qianlingula jiafu Zhang，Zhu & Song，2004	++	
		查氏豹蛛	Pardosa chapini（Fox，1935）	+++	
	狼蛛科 Lycosidae	小水狼蛛属某种	Piratula sp.	++	
		阴暗拟隙蛛	Pireneitega luctuosa（L. Koch，1878）	++	
	络新妇科 Nephilidae	棒络新妇	Nephila clavata L. Koch，1878	+++	
	皿蛛科 Linyphiidae	卡氏盖蛛	Neriene cavaleriei（Schenkel，1963）	++	
		长肢盖蛛	Neriene longipedella（Bösenberg & Strand，1906）	++	
	平腹蛛科 Gnaphosidae	赵氏平腹蛛	Gnaphosa zhaoi Ovtsharenko，Platnick & Song，1992	++	

（续）

目	科	中文名	拉丁学名	相对丰度	备注
蜘蛛目 Araneae	球蛛科 Theridiidae	半月肥腹蛛	Steatoda cingulata (Thorell, 1890)	++	
		丽蛛属种一	Chrysso sp. 1	++	
		丽蛛属种二	Chrysso sp. 2	++	
		星斑丽蛛	Chrysso scintillans (Thorell, 1895)	++	
		蚓腹蛛属某种	Ariamnes sp.	++	
	跳蛛科 Salticidae	毛垛兜跳蛛	Ptocasius strupifer Simon, 1901	+++	
		花腹金蝉蛛	Phintella bifurcilinea (Bösenberg & Strand, 1906)	+++	
		菀胸蝇虎属某种	Rhene sp.	++	
		白斑猎蛛	Evarcha albaria (L. Koch, 1878)	+++	
		猎蛛属某种	Evarcha sp.	+++	
		长腹蒙蛛	Mendoza elongata (Karsch, 1879)	+++	
		王拟蝇虎	Plexippoides regius Wesolowska, 1981	++	
		蚁蛛属某种	Myrmarachne sp.	+++	
	妩蛛科 Uloboridae	近亲翘妩蛛	Hyptiotes affinis Bösenberg & Strand, 1906	++	
	肖蛸科 Tetragnathidae	肖蛸属某种	Tetragnatha sp.	++	
		锥腹肖蛸	Tetragnatha maxillosa Thorell, 1895	+++	
		大银鳞蛛	Leucauge magnifica Yaginuma, 1954	+++	
		西里银鳞蛛	Leucauge celebesiana (Walckenaer, 1841)	+++	
		亚薔银鳞蛛	Leucauge subgemmea Bösenberg & Strand, 1906	+++	
		银鳞蛛属某种	Leucauge sp.	++	
	蟹蛛科 Thomisidae	波纹花蟹蛛	Xysticus croceus Fox, 1937	++	
		花蟹蛛属某种	Xysticus sp.	++	
		剑花蟹蛛	Xysticus sicus Fox, 1937	++	
		条纹绿蟹蛛	Oxytate striatipes L. Koch, 1878	++	

（续）

目	科	中文名	拉丁学名	相对丰富度	备注
	蟹蛛科 Thomisidae	龚氏膜蟹蛛	*Epidius gongi* (Sorg & Kim, 1992)	++	
		蟹蛛属某种	*Thomisus* sp.	++	
		三突伊氏蛛	*Ebrechtella tricuspidata* (Fabricius, 1775)	++	
		艾蛛属种一	*Cyclosa* sp. 1	++	
		黑尾艾蛛	*Cyclosa atrata* Bösenberg & Strand, 1906	++	
		山地艾蛛	*Cyclosa monticola* Bösenberg & Strand, 1906	++	
		四突艾蛛	*Cyclosa sedeculata* Karsch, 1879	+++	
蜘蛛目 Araneae		银斑艾蛛	*Cyclosa argentata* Tanikawa & Ono, 1993	++	
		红高亮腹蛛	*Hypsosinga sanguinea* (C. L. Koch, 1844)	++	
	园蛛科 Araneidae	小悦目金蛛	*Argiope minuta* Karsch, 1879	++	
		卡氏毛园蛛	*Eriovixia cavaleriei* (Schenkel, 1963)	+++	
		新园蛛属种一	*Neoscona* sp. 1	+++	
		新园蛛属种二	*Neoscona* sp. 2	+++	
		黄斑园蛛	*Araneus ejusmodi* Bösenberg & Strand, 1906	+++	

注："+++"为常见种类；"++"为不常见种类；"+"为罕见种类；"*"为在保护区新发现的种类。

5.3 地理区系分析

就区系分布而言，以鞘翅目象虫总科的昆虫为例，该总科共包括5科60种昆虫，其中，有14种(属)仅分布于东洋区，占保护区象虫总科物种数量的23.33%；分布于古北区和新北区的有15种(属)，占25.00%；广泛分布在东洋区和古北区的象虫有17种，占28.33%；而分布于3个及以上动物区系的种类有14种(属)，占23.33%。从中国动物地理区系上看，大部分的种类都是跨区分布，其中，有5种为广布种类，分布在华南区的有5种(属)，分布在华北区的有8种(属)，分布在西南区的有1种(属)，分布在2个区系及以上的有26种(属)，占43.33%(表5.2)。

陕西青木川国家级自然保护区位于秦岭山脉西南端，处于岷山山脉、大巴山以及秦岭的交界处，秦岭是我国南北气候的分水岭，加上西部岷山青藏区的阻隔，造就了本区域物种的多样性。本区域的昆虫种类呈现明显的南北过渡和混杂分布的状态，同时也有一些独特新种的存在。

5.4 重要物种

5.4.1 保护种类

陕西青木川国家级自然保护区昆虫中，中华蜜蜂(*Apis cerana* Fabricius，1793)、冰清绢蝶(*Parnassius glacialis* Butler，1866)被列入《国家保护的有益的或者有重要经济、科学研究价值的陆生野生动物名录》(国家林业局2000年7号令)。

5.4.2 有害种类

保护区内目前分布的云斑白条天牛(*Batocera lineolata* Chevrolat，1852)主要危害杨、核桃、桑、柳、榆、白蜡、泡桐、女贞、悬铃木、苹果和梨等林木和果树。成虫啃食被害树新枝嫩皮，幼虫蛀食被害树韧皮部和木质部，轻则影响树木生长，重则使林木枯萎死亡，是我国重要林木蛀干害虫。另外，大和锉小蠹(*Scolytoplatypus mikado* Blandford)、十二齿小蠹[*Ips sexdentatus*(Börner，1776)]、宽肩象(*Ectatorrhinus adamsi* Pascoe)都是林业蛀干类害虫，对于保护区中乔木的保护尤其需要引起重视，而天牛和象虫的幼虫期是防治的关键时期，因此未来需要着重调查并进行防治管理。稻象甲[*Echinocnemus squameus*(Billberg，1820)]、玉米象[*Sitophilus zeamais*(Motschulsky，1855)]和谷象[*Sitophilus granarius*(Linnaeus，1758)]是水稻及谷类仓储的重大害虫，也需要重点关注。此外，保护区内的胡蜂科昆虫较为丰富，金环胡蜂(*Vespa mandarina* Smith，1852)、墨胸胡蜂(*Vespa velutina nigrithorax* du Buysson，1905)、基胡蜂(*Vespa basalis* Smith，1852)、柑马蜂(*Polistes mandarinus* de Saussure，1853)都是容易攻击人类及牲畜的种类，据报道，近十年来汉中市和安康市被蜇伤的人数已经超千数。因此，胡蜂科昆虫更加需要引起重视。

表 5.2 陕西青木川国家级自然保护区象虫总科昆虫生境与区系分布

物种	生境分布	国内区系分布	世界区系分布
大和锉小蠹 Scolytoplatypus mikado Blandford	阔叶林（寄主猴高铁、润楠、山桃、山茶）	华中、华南	东洋区
十二齿小蠹 Ips sexdentatus（Börner，1776）	针叶林（寄主云杉、红松、华山松、高山松、油松、云南松等）	华中、华南、华北	东洋区
黑白长角象 Eucorynus crassicornis Fabricius，1801	朽木上或者腐烂的树皮下	广布种	古北区、东洋区
切叶象属某种 Deporaus sp.	阔叶林、灌木	华中、华南	古北区、东洋区
锐卷象属某种 Tomapoderus sp.	阔叶林、灌木	华北、华中、华南	古北区、东洋区
伪圆斑卷象 Paroplapoderus fallax（Gyllenhal，1839）	阔叶林（寄主白栎、青冈、枫杨）	华北、华中、华南	古北区、东洋区
文象属某种 Involvulus sp.	阔叶林、灌木	广布种	古北区、东洋区
膝卷象 Heteropoderus geniculatus（Jekel，1860）	阔叶林、灌木（寄主柞栎、冬瓜树、毛木树）	华中、华南、西南	东洋区
油茶文象 Involvulus cognatus Voss，1958	阔叶林、灌木（寄主油茶）	华南	东洋区
短喙卷象 Euops lespedezae（Kono，1927）	阔叶林、灌木（寄主胡枝子属）	华北	古北区、东洋区
柳瘿象属某种 Melanapion sp.	阔叶林（寄主柳树叶中蜂虫瘿内）	华中、华北、华南	古北区、东洋区
梯胸象属某种 Pseudopiezotrachelus sp.	草地（寄主野豌豆）	广布种	古北区、东洋区、新北区、非洲区、澳洲区、新热带区
船象属种一 Baris sp. 1	草地、灌木	广布种	古北区、东洋区、新北区、非洲区、澳洲区、新热带区
船象属种二 Baris sp. 2	草地、灌木	广布种	古北区、东洋区、新北区、非洲区、澳洲区、新热带区
花船象属某种 Anthinobaris sp.	草地、灌木	广布种	古北区、东洋区
大眼象属某种 Metialma sp.	阔叶林、草地	广布种	古北区、东洋区
凸胸大眼象某种 Talimanus sp.	阔叶林、灌木	华南	东洋区
淡灰瘤象 Dermatoxenus caesicollis（Gyllenhal，1833）	灌木（寄主海桐）	华南	东洋区
淡绿丽纹象 Myllocerinus vossi（Lona，1937）	阔叶林、灌木	华南、西南	东洋区
稻象甲 Echinocnemus squameus（Billberg，1820）	草地、农区（寄主水稻）	广布种	古北区、东洋区、新北区
二结光洼象 Gasterocisus binodulus Boheman	草地（寄主艾蒿）	华南、西南	东洋区

（续）

物种	生境分布	国内区系分布	世界区系分布
方格毛角象 Prochidius tessellatus (Motschulsky, 1858)	灌木	华中、华北	古北区
甘薯长足象 Alcidodinae waltoni (Boheman)	草地、农区（寄主甘薯和其他旋花科植物月光花等）	华南、西南	东洋区
玉米象 Sitophilus zeamais (Motschulsky, 1855)	草地、农区、仓储（寄主水稻、玉米）	广布种	古北区、东洋区、新北区、非洲区、澳洲区、新热带区
谷象 Sitophilus granarius (Limnaeus, 1758)	草地、农区、仓储（寄主水稻、玉米）	广布种	古北区、东洋区、新北区、非洲区、澳洲区、新热带区
邵武龟象 Cardipennis shaowuensis (Voss, 1958)	草地（寄主葎草）	广布种	古北区、东洋区
沟胸龟象 Cardipennis sulcithorax (Hustache, 1916)	草地（寄主葎草）	广布种	古北区、东洋区
龟象属种一 Ceutorhynchus sp. 1	草地（寄主茅菜等）	广布种	古北区、新北区、非洲区
龟象属种二 Ceutorhynchus sp. 2	草地（寄主茅菜等）	广布种	古北区、新北区、非洲区
卵圆龟象属某种 Homorosoma sp.	草地	华北	古北区、新北区
光腿龟象属某种 Rhinoncus sp.	草地	华北	古北区、新北区
有翅树龟象属某种 Scleropteroides sp.	草地	华北	古北区
紫堇龟象属某种 Sirocalodes sp.	草地	华北	古北区
白斑象属某种 Xenysmoderodes sp.	草地	华南	东洋区
花象属种一 Anthonomus sp. 1	阔叶林、灌木（寄主蔷薇科）	广布种	古北区、新北区、新热带区
花象属种二 Anthonomus sp. 2	阔叶林、灌木（寄主蔷薇科）	广布种	古北区、新北区、新热带区
花象属种三 Anthonomus sp. 3	阔叶林、灌木（寄主蔷薇科）	广布种	古北区、新北区、新热带区
坑沟象属种一 Hyperstylus sp. 1	阔叶林、灌木	华北、华中、华南	古北区、东洋区
坑沟象属种二 Hyperstylus sp. 2	阔叶林、灌木	华北、华中、华南	古北区、东洋区
丽纹象属某种 Myllocerinus sp.	阔叶林、灌木	华南、西南	东洋区
漏芦菊花象 Larinus scabrirostris Faldermann, 1835	山坡、林中空地（寄主漏芦）	华北、华中	古北区
毛角象属种一 Prochidius sp. 1	灌木	华中、华北	古北区

（续）

物种	生境分布	国内区系分布	世界区系分布
三带筒喙象 Lixus distortus Csiki, 1934	草地	西南	东洋区
树叶象属 Phyllobius sp.	阔叶林	华北	古北区
细纹根瘤象 Sitona lineelus (Bonsdorff, 1785)	草地(寄主豆科)	华北、西北	古北区
象虫属种一 Curculio sp. 1	阔叶林	广布种	古北区、新北区、东洋区、非洲区、新热带区、澳洲区
象虫属种二 Curculio sp. 2	阔叶林	广布种	古北区、新北区、东洋区、非洲区、新热带区、澳洲区
哈氏象 Curculio haroldi (Faust, 1890)	阔叶林	华北、华南	东洋区
万具象 Curculio hsifaunus (Heller, 1927)	阔叶林	华南	东洋区
朽木象属 Phloeophagosoma sp.	朽木上或者腐烂的树皮下	广布种	古北区、新北区、东洋区
圆筒筒喙象 Lixus mandaranus fukienensis Voss	草地(寄主艾蒿)	华北、华中、华南、西南	古北区
中国多露象 Polydrosus chinensis Kôno & Morimoto, 1960	阔叶林、灌木	华北、华中	古北区
籽象 Tychius albolineatus Motschulsky, 1859	草地(寄主豆科草本)	华北	古北区
缘象属种一 Demimaea sp. 1	阔叶林	华中、华北	古北区
缘象属种二 Demimaea sp. 2	阔叶林	华中、华北	古北区
类花象属 Dorytomus sp.	阔叶林、灌木	华北	古北区、新北区
榆大盾象 Magdalis armigera (Geoffroy, 1785)	阔叶林(寄主榆树)	华北、华中	古北区
灌县癞象 Episomus kwanhsiensis Heller, 1923	阔叶林、灌木	华中、华南、西南	东洋区
宽肩象 Ectatorrhinus adamsi Pascoe	阔叶林(寄主青麸杨)	华北、华南	东洋区
铜光长足象 Alcidodinae scenicus (Faust)	阔叶林、灌木	华中、华南、西南	东洋区

第6章

鱼 类

鱼类是一个区域内水环境中重要的自然资源。自 2004 年至 2005 年，中国科学院动物研究所等单位第一次对陕西青木川国家级自然保护区开展了鱼类资源调查，获得的结果认为保护区的鱼类共有 15 种，隶属于 3 目 4 科 14 属。本项目再次就保护区鱼类资源进行了更深入的调查，通过野外识别和实验室对鱼类标本的鉴定，结合已发表的结果，分析陕西青木川国家级自然保护区鱼类情况如下。

6.1 种类和相对数量

陕西青木川国家级自然保护区的鱼类均属于硬骨鱼纲（Osteichthyes）纯淡水鱼类的种类，共有 4 目 6 科 26 属 30 种。从目阶元来看，鲤形目（Cypriniformes）种类占绝对优势，共有 2 科 9 亚科 25 种，占保护区鱼类总数的 83.33%。从科级分类阶元来看，鲤科（Cyprinidae）种类最多，共 7 亚科 19 种，占保护区鱼类总数的 63.33%；其次是鳅科（Cobitidae）的 2 亚科 6 种，占保护区鱼类总数的 20%。鲈形目（Persiformes）和合鳃目（Synbranchiformes）的种类较少，均为 1 种。从亚科情况看，鲤形目（Cypriniformes）鉤亚科（Gobioinae）有 8 种为保护区内含种类最多的亚科（表 6.1）。

表 6.1 陕西青木川国家级自然保护区鱼类名录

分类地位	物种名称	分布点	相对丰富度	备注
I. 鲤形目 Cypriniformes				
1. 鲤科 Cyprinidae				
鲤亚科 Cyprininae	（1）鲤 *Cyprinus carpio*	白龙湖	+++	#
	（2）鲫 *Carassius auratus*	玉泉坝石门子河	+++	#
鲢亚科 Hypophalmichthyinae	（3）鳙 *Aristichthys nobilis*			⊕
	（4）鲢 *Hypophthalmichthys molitrix*			⊕
雅罗鱼亚科 Leuciscinae	（5）拉氏鱥 *Phoxinus lagowskii*	马家山、平沟	++	
	（6）草鱼 *Ctenopharyngodon idellus*			⊕

（续）

分类地位	物种名称	分布点	相对丰富度	备注
鲌亚科 Danioninae	（7）宽鳍鱲 *Zacco platypus*	玉泉坝石门子河、西沟、坟林坝、邓家沟	++	
	（8）马口鱼 *Opsariichthys bidens*	玉泉坝、坟林坝、黄猴沟	++	
鲌亚科 Culterinae	（9）鳌 *Hemiculter leucisculus*	白龙湖	+	#
鳑亚科 Acheilognathinae	（10）大鳍鱊 *Acheilognathus macropterus*	坟林坝	+	#
	（11）高体鳑鲏 *Rhodeus ocellatus*	白龙湖、西沟、坟林坝、邓家沟	+++	#
鮈亚科 Gobioinae	（12）花鮹 *Hemibarbus maculatus*	西沟、坟林坝、邓家沟、玉泉坝石门子河	++	#
	（13）唇鮹 *Hemibarbus labeo*	玉泉坝石门子河		
	（14）麦穗鱼 *Pseudorasbora parva*	白龙湖、西沟、保护站、邓家沟、铁路桥、玉泉坝石门子河、坟林坝	++	#
	（15）点纹银鮈 *Squalidus wolterstorffi*	玉泉坝石门子河	+	#
	（16）中间银鮈 *Squalidus intermedius*	玉泉坝石门子河	+	#
	（17）短须颌须鮈 *Gnathopogon imberbis*	玉泉坝石门子河、西沟、保护站、邓家沟	+	#
	（18）棒花鱼 *Abbottina rivularis*	玉泉坝石门子河、白龙湖、坟林坝	+	#
	（19）黑鳍鳈 *Sarcocheilichthys nigripinnis*	玉泉坝石门子河、	++	#
2. 鳅科 Cobitidae				
花鳅亚科 Cobitinae	（20）大斑花鳅 *Cobitis macrostigma*	玉泉坝石门子河、西沟、坟林坝、邓家沟	+++	
	（21）中华花鳅 *Cobitis sinensis*	玉泉坝石门子河	++	#
	（22）泥鳅 *Misgurnus anguillicaudatus*	坟林坝	+	

（续）

分类地位	物种名称	分布点	相对丰富度	备注
条鳅亚科 Nemachilinae	（23）短体副鳅 *Paracobitis potanini*	坟林坝	+	
	（24）红尾副鳅 *Paracobitis variegates*	大平里	+	
	（25）贝氏高原鳅 *Triplophysa bleekeri*	马家山	+	
II.鲇形目 Siluriformes				
3. 鲇科 Siluridae	（26）鲇 *Silurus asotus*	玉泉坝石门子河、马家山	+	#
4. 鲿科 Bagridae	（27）黄颡鱼 *Pelteobagrus fulvidraco*	玉泉坝、青木川镇	+	
	（28）长吻鮠 *Leiocassis longgirastris*	玉泉坝石门子河、西沟、坟林坝、邓家沟	++	#
III. 鲈形目 Perciformes				
5. 虾虎鱼科 Gobiidae	（29）子陵吻虾虎鱼 *Rhinogobius giurinus*	白龙湖	+++	#
IV. 合鳃目 Synbranchiformes				
6. 合鳃科 Synbranchidae	（30）黄鳝 *Monopterus albus*			⊕

注："+++"为常见种类；"++"为不常见种类；"+"为罕见种类；"#"为本次调查新记录到的种类；"⊕"为从文献和访问调查来看，被认为确有分布但未采集到样本的种类。

文献和访问调查表明鳙（*Aristichthys nobilis*）、鲢（*Hypophthalmichthys molitrix*）、草鱼（*Ctenopharyngodon idellus*）和黄鳝（*Monopterus albus*）曾经是保护区周边人工饲养的经济鱼类，但是在本次调查中没有发现它们的实体。

另外，经过本次更深入细致的调查，与蒋志刚（2005）报道的数据相比，陕西青木川国家级自然保护区的鱼类分别增加了1目、2科、12属、16种；而当时报道的保护区外下游水体分布的外来鱼类匙吻鲟（*Polyodon spathula*）这次没有监测到。说明两个问题：①深入调查增加了物种数；②外来鱼类匙吻鲟可能没有形成能够威胁陕西青木川国家级自然保护区鱼类的规模种群。

6.2 分布与栖息地

陕西青木川国家级自然保护区内遍布河流、溪水、水库和湖泊，其中都有鱼类分布。从物种来看，宽鳍鱲、马口鱼、花鳕、麦穗鱼、短须颌须鮈、棒花鱼和长吻鮠等物种分布较广，说明这些鱼类的适应各种水环境的能力较强。而从分布点来看，较多的鱼类种类分布在白龙湖、玉泉坝石门子河和长沙坝至坟林坝一线，应该与这些水域的水量大水环境复杂有关。

6.3 地理区系分析

以往文献表明，陕西青木川国家级自然保护区的水环境兼具秦岭高山区和汉江河谷地区的特征。从本次调查结果来看，该地区鱼类多为我国东部平原低山地区广泛分布的种类，如鲤、鲫、鲢、宽鳍鱲、马口鱼、黄颡鱼等；大斑花鳅主要分布于长江中游，在这里有发现说明其分布区扩大到了青木川地区；拉氏鲅在长江及其以北的山区河流中比较常见，数量也比较大。由此看来，青木川地区为我国西部山区和东部平原区交汇地区，鱼类区系兼有两大交汇区的成分。

6.4 重要物种

陕西青木川国家级自然保护区鱼类中的鲤（*Cyprinus carpio*）和鲢（*Hypophthalmichthys molitrix*）被《世界自然保护联盟波濒危物种红色名录》（简称《IUCN物种红色名录》）列为易危（VU）和近危（NT）等级。

第7章

两栖类

陕西青木川国家级自然保护区地处暖温带向亚热带过渡性地带，区内分布的动物区系成分具有东洋界种类和古北界种类相互渗透、秦岭种群与岷山种群相互过渡的特征。一般认为，两栖爬行类动物的物种分布和数量情况，能反映一个地区的动物地理特征。中国科学院动物研究所蒋志刚（2005）报道了青木川保护区两栖爬行动物资源状况，为了更好地了解青木川保护区两栖爬行类动态及保护成效，我们于 2017 年 10 月至 2018 年 11 月，在保护区内开展了物种调查。通过实地考察、访问和文献检索，本章和第 8 章对陕西青木川国家级自然保护区两栖爬行动物多样性和区系分布情况进行了总结。

7.1 种类和相对数量

本次调查表明，陕西青木川国家级自然保护区有两栖动物 17 种，隶属 2 目 8 科，占陕西省两栖动物总物种数 38 种的 70.8%（表 7.1）。在科级单元上看，蛙科为优势科，共有 8 种，占本地区全部两栖类物种数的 47%（表 7.1）。与蒋志刚（2005）调查数据相比，本次调查新发现了大绿臭蛙（*Odorrana graminea*），但是没有见到大鲵（*Andrias davidianus*）。各个物种的遇见数量也有变化，中华蟾蜍（*Bufo gargarizans*）、黑斑侧褶蛙（*Pelophylax nigromaculatus*）、花臭蛙（*Odorrana schmackeri*）、泽陆蛙（*Fejervarya multistriata*）和隆肛蛙（*Rana quadranus*）相对数量较多。而大绿臭蛙（*Odorrana graminea*）、川北齿蟾（*Oreolalax chuanbeiensis*）和合征姬蛙（*Microhyla mixtura*）等数量偏低。

表 7.1 陕西青木川国家级自然保护区两栖动物名录

目	科	中文名称	拉丁学名	相对丰富度	备注
有尾目	小鲵科	山溪鲵	*Batrachuperus pinchonii*	+	—
		西藏山溪鲵	*Batrachuperus tibetanus*	+	
	隐鳃鲵科	大鲵	*Andrias davidianus*	+	—
无尾目	锄足蟾科	川北齿蟾	*Oreolalax chuanbeiensis*	+	—
	蟾蜍科	中华蟾蜍	*Bufo gargarizans*	+++	
	雨蛙科	秦岭雨蛙	*Hyla tsinlingensis*	++	
	蛙科	中国林蛙	*Rana chensinensis*	++	
		隆肛蛙	*Rana quadranus*	++	—
		黑斑侧褶蛙	*Pelophylax nigromaculatus*	+++	

(续)

目	科	中文名称	拉丁学名	相对丰富度	备注
无尾目	蛙科	花臭蛙	*Odorrana schmackeri*	+++	
		大绿臭蛙	*Odorrana graminea*	+	#
		棘腹蛙	*Paa boulengeri*	+	
		崇安湍蛙	*Amolops chunganensis*	+	
		泽陆蛙	*Fejervarya multistriata*	++	−
	树蛙科	斑腿泛树蛙	*Polypedates megacephalus*	+	
	姬蛙科	饰纹姬蛙	*Microhyla fissipes*	++	
		合征姬蛙	*Microhyla mixtura*	+	−

注:"+++"为常见种类;"++"为不常见种类;"+"为罕见种类;"−"为文献记录物种;"#"为本次调查新记录到的物种。

7.2 分布与栖息地

在不同生境类型之间,两栖动物物种分布情况有所不同。如棘腹蛙(*Paa boulengeri*)、中华蟾蜍(*Bufo gargarizans*)、斑腿泛树蛙(*Polypedates megacephalus*)、饰纹姬蛙(*Microhyla fissipes*)和合征姬蛙(*Microhyla mixtura*)等主要在水田、池塘和居民点活动;花臭蛙(*Odorrana schmackeri*)、大绿臭蛙(*Odorrana graminea*)、西藏山溪鲵(*Batrachuperus tibetanus*)、川北齿蟾(*Oreolalax chuanbeiensis*)、崇安湍蛙(*Amolops chunganensis*)等多在保护区核心区的河流和溪流边被发现;中国林蛙(*Rana chensinensis*)、泽陆蛙(*Fejervarya multistriata*)和黑斑侧褶蛙(*Pelophylax nigromaculatus*)等则在更多的生境类型中活动(表 7.2)。

表 7.2 陕西青木川国家级自然保护区两栖动物生境与区系分布

物种	生境分布	中国动物地理区划分布
山溪鲵 *Batrachuperus pinchonii*	溪流	西南、青藏
西藏山溪鲵 *Batrachuperus tibetanus*	溪流	西南、青藏
大鲵 *Andrias davidianus*	河流、水潭	华南、西南、青藏、华中
川北齿蟾 *Oreolalax chuanbeiensis*	溪流	华中
中华蟾蜍 *Bufo gargarizans*	河边、水塘、居民点	广布种
秦岭雨蛙 *Hyla tsinlingensis*	河边、灌草丛	广布种
中国林蛙 *Rana chensinensis*	水塘、草地、林地	东北、华北、华中、西南
隆肛蛙 *Rana quadranus*	水田、林地	华中、华北、西南、青藏
黑斑侧褶蛙 *Pelophylax nigromaculatus*	水田、湖沼、河流山地	广布种
花臭蛙 *Odorrana schmackeri*	溪流	华中、华南
大绿臭蛙 *Odorrana graminea*	溪流	华中、华南
棘腹蛙 *Paa boulengeri*	溪流、水塘	西南
崇安湍蛙 *Amolops chunganensis*	溪流、林间	华中

(续)

物种	生境分布	中国动物地理区划分布
泽陆蛙 *Fejervarya multistriata*	水田、灌草丛	广布种
斑腿泛树蛙 *Polypedates megacephalus*	水田、灌草丛	华中、华南
饰纹姬蛙 *Microhyla fissipes*	水田、草丛	华中、华南
合征姬蛙 *Microhyla mixtura*	水田、草丛	华中

7.3 地理区系分析

从调查结果看，保护区中有 10 种两栖类属东洋界种类，占保护区两栖动物总物种数的 58.82%；有 2 种两栖类属古北界种类，占保护区两栖动物总物种数的 11.76%；有 4 种两栖类属广布种，占保护区两栖动物 23.53%。按 Hoffmann（2001）对中国地区东洋界和古北界边缘的确定，陕西青木川国家级自然保护区位于秦岭南部西端、东洋界的北部，又有古北界分布物种的渗透，本次调查结果基本上反映了本地区特有的两栖动物区系分布格局。在中国动物地理区划上，陕西青木川国家级自然保护区位于青藏区、西南区和华中区交界处，调查表明有 9 种两栖类跨区分布，占保护区两栖类总物种数的 52.94%，如果再加上广布种，跨区分布的两栖类物种数则占保护区总物种数的 76.47%（表 7.2）。无论是在动物地理分界还是在分区上，陕西青木川国家级自然保护区都处在重要的交错带（或者是过渡带），由此可见该自然保护区在两栖动物多样性保护上的战略地位。

7.4 重要物种

陕西青木川国家级自然保护区两栖类中大鲵（*Andrias davidianus*）被《国家重点保护野生动物名录》列为国家二级重点保护野生动物，中国林蛙（*Rana chensinensis*）和斑腿泛树蛙（*Polypedates megacephalus*）被列为陕西省重点保护野生动物（表 7.3）。另外，除了西藏山溪鲵（*Batrachuperus tibetanus*）和秦岭雨蛙（*Hyla tsinlingensis*）外，其他物种均被列入《国家保护的有益的或者有重要经济、科学研究价值的陆生野生动物名录》，在保护实践中这些物种需要给予更多的持续关注。

表 7.3 陕西青木川国家级自然保护区两栖动物重点保护物种

目	科	物种名称	国家重点保护野生动物等级	陕西省重点保护野生动物
有尾目	隐鳃鲵科	大鲵 *Andrias davidianus*	二级	
无尾目	蛙科	中国林蛙 *Rana chensinensis*		√
	树蛙科	斑腿泛树蛙 *Polypedates megacephalus*		√

第8章

爬行类

　　爬行类动物的物种分布和数量情况，能反映一个区域的物种多样性及环境适宜度情况，也能从一个侧面代表地区的动物地理特征。为了解陕西青木川国家级自然保护区爬行类动态及保护成效，于 2017 年 10 月至 2018 年 11 月，在保护区内开展了物种调查。通过实地考察、访问和文献检索，对陕西青木川国家级自然保护区爬行动物多样性和区系分布情况总结如下。

8.1　种类和相对数量

　　调查结果表明，在陕西青木川国家级自然保护区内现已记录爬行动物 26 种，隶属 3 目 9 科 19 属（表 8.1），占陕西省爬行动物总物种数 47 种的 55.32%。陕西青木川国家级自然保护区的爬行动物以蛇目为主，其次是蜥蜴目。从科级阶元上看，游蛇科为优势科，共有 9 种；陕西青木川国家级自然保护区的蛇类中，有毒蛇为 5 种，占保护区所有爬行动物总物种数的 23.83%。就单个物种而言，保护区内最多见的物种为北草蜥（*Takydromus septentrionalis*）、米仓山攀蜥（*Japalura micangshanensis*）、王锦蛇（*Elaphe carinata*）、玉斑锦蛇（*Elaphe mandarinus*）、乌梢蛇（*Ptyas dhumnades*）、原矛头蝮（*Protobothrops mucrosquamatus*）和菜花原矛头蝮（*Protobothrops jerdonii*）等相对数量较多，其他物种较少见。与蒋志刚（2005）的调查相比，本次又增加了峨眉草蜥（*Takydromus intermedius*）、山地麻晰（*Eremias brenchleyi*）、石龙子（*Plestiodon chinensis*）和颈槽蛇（*Rhabdophis nuchalis*）等 4 种。

表 8.1　陕西青木川国家级自然保护区爬行动物名录

目	科	中文名	拉丁学名	相对丰富度	备注
龟鳖目	淡水龟科	乌龟	*Mauremys reevesii*	+	
	鳖科	中华鳖	*Pelodiscus sinensis*	++	
蜥蜴目	壁虎科	多疣壁虎	*Gekko japonicus*	+++	
		北草蜥	*Takydromus septentrionalis*	+++	
	蜥蜴科	峨眉草蜥	*Takydromus intermedius*	+	#
		山地麻晰	*Eremias brenchleyi*	+	#
		蓝尾石龙子	*Plestiodon elegans*	+	
	石龙子科	黄纹石龙子	*Plestiodon capito*	++	
		石龙子	*Plestiodon chinensis*	+	#
		铜蜓蜥	*Sphenomorphus indicus*	+	
		米仓山攀蜥	*Japalura micangshanensis*	+++	
	鬣蜥科	丽纹攀蜥	*Japalura splendida*	+	

（续）

目	科	中文名	拉丁学名	相对丰富度	备注
蛇目	游蛇科	赤链蛇	*Lycodon rufozonatum*	+	
		王锦蛇	*Elaphe carinata*	+++	
		玉斑锦蛇	*Elaphe mandarinus*	+++	
		黑眉晨蛇	*Orthriophis taeniurus*	+	
		翠青蛇	*Cyclophiops major*	+	
		颈槽蛇	*Rhabdophis nuchalis*	+	#
		虎斑颈槽蛇	*Rhabdophis tigrinus*	+	
		乌梢蛇	*Ptyas dhumnades*	+++	
		锈链腹链蛇	*Hebius craspedogaster*	–	
		斜鳞蛇	*Pseudoxenodon macrops*	–	
	蝰科	短尾蝮	*Gloydius brevicaudus*	+	
		原矛头蝮	*Protobothrops mucrosquamatus*	++	
		菜花原矛头蝮	*Protobothrops jerdonii*	++	
	眼镜蛇科	中华珊瑚蛇	*Sinomicrurus macclellandi*	+	

注：相对丰富度是指实地调查和访问获得的各物种的相对数量；"–"为文献记录物种；"#"为本次调查新记录到的物种。

8.2 分布与栖息地

从生境类型和区内分布来看，乌龟（*Mauremys reevesii*）和中华鳖（*Pelodiscus sinensis*）多分布在保护区核心区的溪流河谷地带；蛇目和蜥蜴目种类则适应更广的生境，除了在保护区核心区外，在缓冲区和实验区亦有分布，其中，赤链蛇（*Lycodon rufozonatum*）、玉斑锦蛇（*Elaphe mandarinus*）和黑眉晨蛇（*Orthriophis taeniurus*）的分布区与人类活动区重叠也比较大，而北草蜥（*Takydromus septentrionalis*）甚至在实验区的白龙湖景区附近被发现。

8.3 地理区系分析

就区系分布而言，保护区的爬行类中有13种属东洋界种类，占保护区爬行动物总物种数的50.00%；广泛分布在东洋界和古北界的物种有11种，占42.31%；古北界种类只有2种（表8.2）。从中国动物地理区划上看，有13种爬行类跨区分布，占保护区全部爬行类总物种数的50%，加上广布种，跨区分布的爬行类物种超过保护区全部物种的65.00%（表8.2）。陕西青木川国家级自然保护区位于青藏区、西南区和华中区交界处，尽管该区域的陆生动物区系特征仍处于暖温带向亚热带过渡的区系特征，但是区内的爬行类动物区系组成主要以东洋界物种为主，并具有南北过渡和混杂分布的特征。

表 8.2 陕西青木川国家级自然保护区爬行动物生境与区系分布

物种	生境分布	区系分布
乌龟 *Mauremys reevesii*	河流、湖沼	广布种
中华鳖 *Pelodiscus sinensis*	河流、湖沼	广布种
多疣壁虎 *Gekko japonicus*	建筑物缝隙、岩缝	华中、华北、华南
北草蜥 *Takydromus septentrionalis*	杂草灌丛	华中、华南
山地麻蜥 *Eremias brenchleyi*	杂草灌丛	华北
蓝尾石龙子 *Plestiodon elegans*	林中空地、路边、农田	华中
黄纹石龙子 *Plestiodon capito*	林中空地、路边	华北
石龙子 *Plestiodon chinensis*	林中空地、路边	华北、华中
铜蜓蜥 *Sphenomorphus indicus*	灌草丛、石缝、石堆	华中、华南
米仓山攀蜥 *Japalura micangshanensis*	灌草丛、林下、石缝	特有种
丽纹攀蜥 *Japalura splendida*	灌草丛、林下、石堆	华中、西南
峨眉草蜥 *Takydromus intermedius*	灌草丛、林下	华南
赤链蛇 *Lycodon rufozonatum*	村舍、竹林、水域附近	广布种
王锦蛇 *Elaphe carinata*	乱石堆、杂草丛、林下	西南、华中、华南
玉斑锦蛇 *Elaphe mandarinus*	林中、溪边、灌草丛	华中、华南
黑眉晨蛇 *Orthriophis taeniurus*	河边	广布种
翠青蛇 *Cyclophiops major*	林下	西南、华中、华南
颈槽蛇 *Rhabdophis nuchalis*	草丛、石堆、水域	华中、华南、华北
虎斑颈槽蛇 *Rhabdophis tigrinus*	路边、草丛、石堆、水域	华中、华南、华北
乌梢蛇 *Ptyas dhumnades*	林下、草丛、河边	西南、华中、华南、华北
锈链腹链蛇 *Hebius craspedogaster*	草丛、林下、河边	华中
斜鳞蛇 *Pseudoxenodon macrops*	草丛、林下	西南、华中、华南
短尾蝮 *Gloydius brevicaudus*	各种生境	东北、华北、华中
原矛头蝮 *Protobothrops mucrosquamatus*	灌草丛、耕地、林下	华中
菜花原矛头蝮 *Protobothrops jerdonii*	林下、溪边、民居附近	西南
中华珊瑚蛇 *Sinomicrurus macclellandi*	林中	华南

8.4 重要物种

陕西青木川国家级自然保护区爬行动物中，王锦蛇（*Elaphe carinata*）是陕西省重点保护野生动物。保护区分布的米仓山攀蜥（*Japalura micangshanensis*）是中国特有种，也是本地区特有种。除铜蜓蜥（*Sphenomorphus indicus*）外，保护区内分布的爬行动物均被列入《国家保护的有益的或者有重要经济、科学研究价值的陆生野生动物名录》（国家林业局 2000 年 7 号令）。图 8.1（附图 2）为本次调查中王锦蛇和米仓山攀蜥的分布（发现点）情况。

图 8.1　陕西青木川国家级自然保护区重要爬行动物分布记录散点图

第9章

鸟 类

陕西青木川国家级自然保护区为秦岭向大巴山过渡的北亚热带型区域，是"陕西秦岭太白山地区"和"川西高山峡谷地区"两个物种多样性关键地区的交错带，这里的物种亦呈现出复杂多样的特点。2005年，中国科学院动物研究所等单位在陕西青木川国家级自然保护区(原陕西马家山自然保护区)开展了生物多样性本底调查，报道鸟类总计13目、35科(亚科)、134种(实际观察记录到130种)。本次调查在保护区核心区内选取10条样线，在缓冲区和实验区选取6条样线，进行了鸟类调查，调查结果如下。

9.1 种类和相对数量

陕西青木川国家级自然保护区有鸟类16目43科(亚科)195种，占陕西秦岭地区鸟种类总数338种的57.69%(表9.1)。从各分类阶元看，保护区内鸟类以雀形目的鸟类占绝对优势，共有137种，占保护区鸟类种类总数的70.26%。其中，各科(亚科)超过10种的有画眉亚科(24种)、鸦亚科(21种)、雀科(15种)、莺亚科(11种)和山雀科(10种)。

表9.1 陕西青木川国家级自然保护区鸟类名录

目	科/亚科	中文名	拉丁学名	2005年数量(只)	本次数量(只)	备注
鹈形目	鸬鹚科	普通鸬鹚	*Phalacrocorax carbo*		5	#
鹳形目	鹭科	中白鹭	*Egretta intermedia*	12	9	#
		白鹭	*Egretta garzetta*		2	
		苍鹭	*Ardea cinerea*		1	#
		牛背鹭	*Bubulcus ibis*	2		
		夜鹭	*Nycticorax nycticorax*		1	#
		黑苇鳽	*Dupetor flavicollis*		1	#
鹳形目	秧鸡科	白胸苦恶鸟	*Amaurornis phoenicurus*	1	1	
雁形目	鸭科	琵嘴鸭	*Anas clypeata*		−	
		绿头鸭	*Anas platyrhynchos*		11	#
		白眼潜鸭	*Aythya nyroca*		5	#
鸊鷉目	鸊鷉科	小鸊鷉	*Podiceps ruficollis*		16	#
		凤头鸊鷉	*Podiceps cristatus*		1	#
鸥形目	鸥科	红嘴鸥	*Larus ridibundus*		4	#

（续）

目	科/亚科	中文名	拉丁学名	2005年数量(只)	本次数量(只)	备注
鸻形目	鸻科	金眶鸻	*Charadrius dubius*			—
	反嘴鹬科	反嘴鹬	*Recurvirostra avosetta*			—
	鹬科	白腰草鹬	*Tringa ochropus*		3	
隼形目	鹰科	黑耳鸢	*Milvus migrans*	2	2	
		鹊鹞	*Circus melanoleucos*	2		
		白尾鹞	*Circus cyaneus*	1		
		大鵟	*Buteo hemilasius*	3	1	
		普通鵟	*Buteo buteo*		9	#
		棕尾鵟	*Buteo rufinus*		1	#
		雀鹰	*Accipiter nisus*		2	#
		松雀鹰	*Accipiter virgatus*		1	#
		金雕	*Aquila chrysaetos*	1		
	隼科	燕隼	*Falco subbuteo*		1	#
鸮形目	鸱鸮科	鬼鸮	*Aegolius funereus*			—
		纵纹腹小鸮	*Athene noctua*	3	1	
		斑头鸺鹠	*Glaucidium cuculoides*			—
		鹰鸮	*Ninox scutulata*			—
		长耳鸮	*Asio otus*		2	
		灰林鸮	*Strix aluco*		1	
		东方角鸮	*Otus sunia*		2	#
鸡形目	雉科	红腹锦鸡	*Chrysolophus pictus*	21	56	
		红腹角雉	*Tragopan temminckii*	2	2	
		勺鸡	*Pucrasia macrolopha*	4	26	
		环颈雉	*Phasianus colchicus*	3	20	
		灰胸竹鸡	*Bambusicola thoracicus*	1	6	
鸽形目	鸠鸽科	岩鸽	*Columba rupestris*	2		
		山斑鸠	*Streptopelia orientalis*		3	
		火斑鸠	*Streptopelia tranquebarica*	5	5	
鹃形目	杜鹃科	鹰鹃	*Hierococcyx sparverioides*			—
		大杜鹃	*Cuculus canorus*		1	#
		中杜鹃	*Cuculus saturatus*			—
		四声杜鹃	*Cuculus micropterus*			—
		噪鹃	*Eudynamys scolopacea*		1	
雨燕目	雨燕科	普通楼燕	*Apus apus*			—
		白腰雨燕	*Apus pacificus*			—

（续）

目	科/亚科	中文名	拉丁学名	2005 年数量（只）	本次数量（只）	备注
佛法僧目	翠鸟科	普通翠鸟	*Alcedo atthis*	2	17	
		冠鱼狗	*Ceryle lugubris*	6	1	
	佛法僧科	三宝鸟	*Eurystomus orientalis*			−
	戴胜科	戴胜	*Upupa epops*	2	2	
鴷形目	啄木鸟科	灰头绿啄木鸟	*Picus canus*	1	8	
		黄颈啄木鸟	*Dendrocopos darjellensis*	3		
		大斑啄木鸟	*Dendrocopos major*	2	5	
		星头啄木鸟	*Dendrocopos canicapillus*	1	5	
		大拟啄木鸟	*Megalaima virens*		15	#
雀形目	百灵科	凤头百灵	*Galerida cristata*			−
		云雀	*Alauda arvensis*			−
		小云雀	*Alauda gulgula*			−
	燕科	家燕	*Hirundo rustica*			−
		金腰燕	*Cecropis daurica*			−
	鹡鸰科	白鹡鸰	*Motacilla alba*	6	27	
		黄头鹡鸰	*Motacilla citreola*			
		灰鹡鸰	*Motacilla cinerea*	2	21	
		黄鹡鸰	*Motacilla flava*			
		山鹡鸰	*Dendronanthus indicus*	7		
		粉红胸鹨	*Anthus roseatus*			
		红喉鹨	*Anthus cervinus*	4		
		树鹨	*Anthus hodgsoni*	2	10	
		水鹨	*Anthus spinoletta*	1	17	
	山椒鸟科	暗灰鹃鵙	*Coracina melaschistos*			−
		长尾山椒鸟	*Pericrocotus ethologus*		1	
	鹎科	领雀嘴鹎	*Spizixos semitorques*	26	113	
		黄臀鹎	*Pycnonotus xanthorrhous*		20	−
		白头鹎	*Pycnonotus sinensis*		4	−
		绿翅短脚鹎	*Hypsipetes mcclellandii*		39	#
	伯劳科	红尾伯劳	*Lanius cristatus*		1	
		灰背伯劳	*Lanius tephronotus*	5		
	卷尾科	黑卷尾	*Dicrurus macrocercus*		31	
		灰卷尾	*Dicrurus leucophaeus*			−
		发冠卷尾	*Dicrurus hottentottus*			−
	椋鸟科	八哥	*Acridotheres cristatellus*	6		

（续）

目	科/亚科	中文名	拉丁学名	2005 年数量(只)	本次数量(只)	备注
	椋鸟科	灰椋鸟	*Sturnus cineraceus*		3	–
		丝光椋鸟	*Sturnus sericeus*			–
		大嘴乌鸦	*Corvus macrorhynchos*	31	135	
		小嘴乌鸦	*Corvus corone*	2	7	
		秃鼻乌鸦	*Corvus frugilegus*	3		
		红嘴山鸦	*Pyrrhocorax pyrrhocorax*		1	#
	鸦科	达乌里寒鸦	*Corvus dauuricus*		1	#
		松鸦	*Garrulus glandarius*	4	33	
		星鸦	*Nucifraga caryocatactes*			–
		喜鹊	*Pica pica*	11	34	
		红嘴蓝鹊	*Urocissa erythrorhyncha*	13	76	
	河乌科	褐河乌	*Cinclus pallasii*	9	22	
雀形目		乌鸫	*Turdus merula*	2		
		蓝短翅鸫	*Brachypteryx montana*	1		
		蓝矶鸫	*Monticola solitarius*		1	#
		紫啸鸫	*Myophonus caeruleus*		1	#
		虎斑地鸫	*Zoothera dauma*		1	#
		怀氏虎鸫	*Zoothera aurea*		1	#
		灰翅鸫	*Turdus boulboul*		1	#
		灰头鸫	*Turdus rubrocanus*		17	#
		小燕尾	*Enicurus scouleri*	1	1	–
		白冠燕尾	*Enicurus leschenaulti*	3	2	–
	鸫亚科	灰林鵙	*Saxicola ferrea*			–
		黑喉石鵙	*Saxicola torquata*			
		黑白林鵙	*Saxicola jerdoni*		1	#
		红尾水鸲	*Rhyacornis fuliginosus*	14	26	
		北红尾鸲	*Phoenicurus auroreus*	9	18	
		赭红尾鸲	*Phoenicurus ochruros*		9	
		红胁蓝尾鸲	*Tarsiger cyanurus*		1	
		白喉红尾鸲	*Phoenicurus schisticeps*		1	#
		白顶溪鸲	*Chaimarrornis leucocephalus*	16	17	
		蓝歌鸲	*Luscinia cyane*			–
		鹊鸲	*Copsychus saularis*		3	#
	鹟亚科	棕腹仙鹟	*Niltava sundara*			–
		蓝喉仙鹟	*Cyornis rubeculoides*			–

（续）

目	科/亚科	中文名	拉丁学名	2005 年数量（只）	本次数量（只）	备注
	鹟亚科	棕胸蓝鹟	*Ficedula hyperythra*		1	#
		方尾鹟	*Culicicapa ceylonensis*		1	#
		锈胸蓝（姬）鹟	*Ficedula erithacus*		1	#
	鸦雀科	棕头鸦雀	*Paradoxornis webbianus*	5	71	
	画眉亚科	画眉	*Garrulax canorus*	3	9	
		大噪鹛	*Babax waddelli*	5	3	
		橙翅噪鹛	*Garrulax elliotii*	4	9	
		灰翅噪鹛	*Garrulax cineraceus*		2	#
		白喉噪鹛	*Garrulax albogularis*	1	34	
		白颊噪鹛	*Garrulax sannio*	4	32	
		黑脸噪鹛	*Garrulax perspicillatus*		14	–
		眼纹噪鹛	*Garrulax ocellatus*	1	5	
		黑领噪鹛	*Garrulax pectoralis*		4	
		小黑领噪鹛	*Garrulax monileger*		16	#
雀形目		灰眶雀鹛	*Alcippe morrisonia*	34	147	
		金胸雀鹛	*Alcippe chrysotis*	1		
		棕头雀鹛	*Alcippe ruficapilla*	14		
		褐头雀鹛	*Alcippe cinereiceps*			–
		棕颈钩嘴鹛	*Pomatorhinus ruficollis*	4	6	
		斑胸钩嘴鹛	*Pomatorhinus erythrocnemis*	1	2	
		纹喉凤鹛	*Yuhina gularis*		150	
		栗耳凤鹛	*Yuhina castaniceps*			–
		白颈凤鹛	*Yuhina bakeri*		2	
		白领凤鹛	*Yuhina diademata*		102	
		小鳞胸鹪鹛	*Pnoepyga pusilla*		1	
		红嘴相思鸟	*Leiothrix lutea*	2	92	
		淡绿鸡鹛	*Pteruthius xanthochlorus*		2	
		红翅鸡鹛	*Pteruthius flaviscapis*		3	
	莺亚科	棕腹柳莺	*Phylloscopus subaffinis*			–
		黄腰柳莺	*Phylloscopus proregulus*		2	
		暗绿柳莺	*Phylloscopus trochiloides*		1	
		黄腹柳莺	*Phylloscopus affinis*		1	
		橙斑翅柳莺	*Phylloscopus pulcher*		1	#
		海南柳莺	*Phylloscopus hainanus*		1	#
		棕扇尾莺	*Cisticola juncidis*	5		

（续）

目	科/亚科	中文名	拉丁学名	2005 年数量（只）	本次数量（只）	备注
	莺亚科	黄腹鹟莺	*Abroscopus superciliaris*		1	#
		栗头地莺	*Tesia castaneocoronata*		12	#
		强脚树莺	*Horornis fortipes*		11	#
		异色树莺	*Horornis flavolivaceus*		6	#
	山雀科	大山雀	*Parus major*	38	46	
		煤山雀	*Parus ater*	9	3	
		黄腹山雀	*Parus venustulus*	11	8	
		北褐头山雀	*Parus montanus*	2	2	
		绿背山雀	*Parus monticolus*	3	6	
		沼泽山雀	*Parus palustris*	2	5	
		红头长尾山雀	*Aegithalos concinnus*	4	123	
		银喉长尾山雀	*Aegithalos caudatus*		1	#
		黑眉长尾山雀	*Aegithalos bonvaloti*		1	#
		银脸长尾山雀	*Aegithalos fuliginosus*			-
	攀雀科	火冠雀	*Cephalopyrus flammiceps*		2	#
雀形目	䴓科	普通䴓	*Sitta europaea*	6	1	
		白脸䴓	*Sitta leucopsis*	1	1	
		白尾䴓	*Sitta himalayensis*	2		
		栗腹䴓	*Sitta castanea*		1	#
	旋壁雀科	红翅旋壁雀	*Tichodroma muraria*			-
	旋木雀科	锈红腹旋木雀	*Certhia nipalensis*		3	#
		高山旋木雀	*Certhia himalayana*		5	#
	绣眼鸟科	暗绿绣眼鸟	*Zosterops japonicus*		28	
	鹪鹩科	鹪鹩	*Troglodytes troglodytes*		1	#
	文鸟科	树麻雀	*Passer montanus*	16	2	
		山麻雀	*Passer rutilans*			-
	雀科	普通朱雀	*Carpodacus erythrinus*	3		
		酒红朱雀	*Carpodacus vinaceus*		2	#
		白眉朱雀	*Carpodacus thura*		1	#
		斑翅朱雀	*Carpodacus trifasciatus*	7		
		金翅雀	*Carduelis sinica*		42	#
		灰头灰雀	*Pyrrhula erythaca*	4		
		黄喉鹀	*Emberiza elegans*	2	14	
		黄胸鹀	*Emberiza aureola*	6	3	
		灰头鹀	*Emberiza spodocephala*		1	
		白眉鹀	*Emberiza tristrami*		3	#

（续）

目	科/亚科	中文名	拉丁学名	2005 年数量（只）	本次数量（只）	备注
		三道眉草鹀	*Emberiza cioides*			–
		小鹀	*Emberiza pusilla*		9	
雀形目	雀科	芦鹀	*Emberiza schoeniclus*		1	#
		蓝鹀	*Latoucheornis siemsseni*		2	#
		戈氏岩鹀	*Emberiza godlewskii*		2	#

注："–"为文献记录但两次调查均没有发现的物种；"#"为本次调查新增加并记录到实体的物种。

从调查记录的数量来看，占优势的种类有红腹锦鸡（*Chrysolophus pictus*）、勺鸡（*Pucrasia macrolopha*）、环颈雉（*Phasianus colchicus*）、领雀嘴鹎（*Spizixos semitorques*）、黄臀鹎（*Pycnonotus xanthorrhous*）、黑卷尾（*Dicrurus macrocercus*）、大嘴乌鸦（*Corvus macrorhynchos*）、松鸦（*Garrulus glandarius*）、喜鹊（*Pica pica*）、红嘴蓝鹊（*Urocissa erythrorhyncha*）、褐河乌（*Cinclus pallasii*）、红尾水鸲（*Rhyacornis fuliginosus*）、棕头鸦雀（*Paradoxornis webbianus*）、白喉噪鹛（*Garrulax albogularis*）、白颊噪鹛（*Garrulax sannio*）、灰眶雀鹛（*Alcippe morrisonia*）、纹喉凤鹛（*Yuhina gularis*）、白领凤鹛（*Yuhina diademata*）、红嘴相思鸟（*Leiothrix lutea*）、大山雀（*Parus major*）、红头长尾山雀（*Aegithalos concinnus*）和暗绿绣眼鸟（*Zosterops japonicus*）等，记录数量都在 20 只以上。而其中的领雀嘴鹎、大嘴乌鸦、灰眶雀鹛、纹喉凤鹛、白领凤鹛和红头长尾山雀的记录数量更是超过了 100 只。

与蒋志刚（2005）报道的青木川自然保护区鸟类情况相比，本次调查新增加了 55 种（记录到实体的种类），占全部鸟类的 28.21%。在目、科和属阶元，则分别增加了 3 个目、7 个科和 28 个属。可能与本次是全年 4 个季节的长时间调查有关。另外，在全部 195 种鸟类中，还有 43 种为 2005 年或更早以前的调查结果，当时并没有数量记录或留下照片标本，或者完全是文献记载的种类，蒋志刚（2005）和本次调查都没有记录到实体，在未来保护区调查监测中需对这些种类给予关注。

9.2　分布与栖息地

综合生境类型和调查数据，陕西青木川国家级自然保护区鸟类分布和对栖息地的选择有以下 4 种情况。

（1）分布在保护区核心区和缓冲区地带亚高山针阔混交林中的鸟类

黑耳鸢、大鵟、东方角鸮、灰林鸮、红腹角雉、鹰鹃、噪鹃、灰头绿啄木鸟、大嘴乌鸦、画眉、白颊噪鹛、高山旋木雀和普通鵟等多分布在海拔 1000 米以上的山地。这一区域山顶的代表植被类型为亚高山寒温性常绿针叶林，镶嵌以落叶阔叶乔木。该地带在很小范围内，海拔高度变化大且具有多种小生境。

（2）分布在保护区核心区和缓冲区地带阔叶林中的鸟类

雉科的红腹锦鸡和勺鸡等，鸠鸽科的岩鸽和火斑鸠，啄木鸟科的一些种类，鸦科的松鸦和红嘴蓝鹊等种类，画眉亚科、鹟亚科和莺亚科大多数种类，山雀科种类，雀科朱雀属的种类，以及鸭科的几种鸟类等多分布在这些区域。这一区域为海拔 700~1000 米的山地，代表植被类型为常绿落叶阔叶混交林,部分陡峭的山坡上具有发育较好的茂盛常绿阔叶林。

(3)分布在整个保护区的湖泊、水库和溪流河谷等生境中的鸟类

它们多是游禽和涉禽,但也包括许多那些喜湿地灌草丛生境的鸟类。分布在这些生境的鸟类包括鹭科的种类,秧鸡科的白胸苦恶鸟,鸭科、鹀鹀科以及鸻鹬类的所有种类,猛禽中的鹊鹞、雀鹰、燕隼和纵纹腹小鸮等鸟类,翠鸟科的普通翠鸟和冠鱼狗,喜欢湿地生境的戴胜,鹡鸰科的种类,灰背伯劳,褐河乌,鸫亚科和画眉亚科的一些小型鸟类,雀科中鹀属的全部种类。这些生境主要以水体(流水或净水)及其衍生的湿地灌草丛等为主,森林植被与灌草丛共同发育,形成错综复杂的立体生境,维持了较高的鸟类多样性。

(4)分布在实验区农田、居民区和弃耕地生境的鸟类

陕西青木川国家级自然保护区建立后,退耕还林逐步实施,核心区内的居民外迁,形成一些弃耕地。加之缓冲区尤其是实验区民居和农田的交错分布,造就了复杂多样的生境类型,植被组成主要包括稀树灌丛、灌草丛、草丛和一些人工水体等湿地,为包括伴人鸟类在内的许多种类提供了适宜的生境。这里鸟类群落组成主要有白鹭、牛背鹭、鹊鹞、环颈雉、岩鸽、火斑鸠、大噪鹛、领雀嘴鹎、灰背伯劳、八哥、喜鹊及金翅雀、树麻雀、黄喉鹀、小鹀以及鹡鸰科、翠鸟科、鸫亚科、山雀科的多数种类等。

9.3 地理区系分析

陕西青木川国家级自然保护区有地理区系记录的 194 种鸟类中,古北界的种类 49 种,占鸟类物种总数的 25.26%;东洋界种类 69 种,占鸟类总数的 35.57%;其他界或不易归类的种类有 76 种,占鸟类总数的 39.18%(表 9.2)。这表明该地区分布的鸟类以东洋界物种和其他界物种为主,但也不失一些古北界物种。从鸟类的区系分布可以看出,该地区的陆生动物区系特征仍处于暖温带向亚热带过渡的区系特征,但以东洋界及其他界种类占优势,古北界种类较少,显示出从东洋界过渡到古北界的特殊地带性区系特征。

表 9.2 陕西青木川国家级自然保护区鸟类区系分析

目	科/亚科	物种数(种)	区系成分种数(种)		
			古北界	东洋界	其他界或不易归类的
鹈形目		1			1
鹳形目	鹭科	6	3	2	1
鹳形目	秧鸡科	1	1		
雁形目	鸭科	3	2		1
鹀鹀目	鹀鹀科	2	1	1	
鸻形目	鸻科	1			1
	反嘴鹬科	1			1
	鹬科	1			1
隼形目	鹰科	9	5	1	3
	隼科	1	1		

（续）

目	科/亚科	物种数（种）	区系成分种数（种）		
			古北界	东洋界	其他界或不易归类的
鸮形目	鸱鸮科	7	2	2	3
鸡形目	雉科	5	2	2	1
鸽形目	鸠鸽科	3	1		2
鹃形目	杜鹃科	5		2	3
雨燕目	雨燕科	2	2		
佛法僧目	翠鸟科	2		1	1
	佛法僧科	1		1	
	戴胜科	1			1
鴷形目	啄木鸟科	5		1	4
雀形目	百灵科	3	1		2
	燕科	2			2
	鹡鸰科	9	5		4
	山椒鸟科	2		1	1
	鹎科	4		4	
	伯劳科	2			2
	卷尾科	3		3	
	椋鸟科	3	1	2	
	鸦科	9	6	1	2
	河乌科	1			1
	鸫亚科	21	5	6	10
	鹟亚科	4		3	1
	鸦雀科	1		1	
	画眉亚科	25	1	18	6
	莺亚科	11	3	3	5
	山雀科	10	3	5	2
	䴓科	5		5	
	旋壁雀科	1			1
	旋木雀科	2			2
	绣眼鸟科	1		1	
	鹀鹀科	1			1
	文鸟科	2			2
	雀科	14	3	3	8
合计		194	49	69	76

9.4　重要物种

陕西青木川国家级自然保护区内分布的鸟类中，属于国家重点保护的物种有 20 种，其中，属于国家一级重点保护的 1 种，国家二级重点保护的有 19 种；属于陕西省重点保护野生动物的有 10 种(表 9.3)。就重点保护物种的种群数量而言，陕西青木川国家级自然保护区中的红腹锦鸡(*Chrysolophus pictus*)、勺鸡(*Pucrasia macrolopha*)、中白鹭(*Egretta intermedia*)、画眉(*Garrulax canorus*)和红嘴相思鸟(*Leiothrix lutea*)尚有较丰富的资源。这些重点物种多数分布在核心区内，而大鵟等在缓冲区和实验区也有分布(图 9.1，附图 3；图 9.2，附图 4)。

另外，陕西青木川国家级自然保护区内还分布着 15 种中国特有鸟类(表 9.3)，这个数量占中国特有鸟类总数的 15%。在保护区中，这些特有种的数量以红腹锦鸡(*Chrysolophus pictus*)、领雀嘴鹎(*Spizixos semitorques*)、棕头雀鹛(*Alcippe ruficapilla*)和白颈凤鹛(*Yuhina diademata*)为多。

表 9.3　陕西青木川国家级自然保护区鸟类重要物种

目	科/亚科	种名	国家重点保护野生动物等级	陕西省重点保护野生动物	中国特有种
鹳形目	鹭科	中白鹭 *Egretta intermedia*		√	
		苍鹭 *Ardea cinerea*		√	
		夜鹭 *Nycticorax nycticorax*		√	
雁形目	鸭科	绿头鸭 *Anas platyrhynchos*		√	
隼形目	鹰科	金雕 *Aquila chrysaetos*	一级		
		黑耳鸢 *Milvus migrans*	二级		
		鹊鹞 *Circus melanoleucos*	二级		
		大鵟 *Buteo hemilasius*	二级		
		白尾鹞 *Circus cyaneus*	二级		
		普通鵟 *Buteo buteo*	二级		
		棕尾鵟 *Buteo rufinus*	二级		
		雀鹰 *Accipiter nisus*	二级		
		松雀鹰 *Accipiter virgatus*	二级		
	隼科	燕隼 *Falco subbuteo*	二级		
鸮形目	鸱鸮科	鬼鸮 *Aegolius funereus*	二级		
		纵纹腹小鸮 *Athene noctua*	二级		
		斑头鸺鹠 *Glaucidium cuculoides*	二级		
		鹰鸮 *Ninox scutulata*	二级		
		长耳鸮 *Asio otus*	二级		
		灰林鸮 *Strix aluco*	二级		
		东方角鸮 *Otus sunia*	二级		
鸡形目	雉科	红腹锦鸡 *Chrysolophus pictus*	二级		√

（续）

目	科/亚科	种名	国家重点保护 野生动物等级	陕西省重点 保护野生动物	中国特有种
鸡形目	雉科	红腹角雉 *Tragopan temminckii*	二级		
		勺鸡 *Pucrasia macrolopha*	二级		
		灰胸竹鸡 *Bambusicola thoracicus*			√
雀形目	鹎科	领雀嘴鹎 *Spizixos semitorques*			√
		白头鹎 *Pycnonotus sinensis*			√
	画眉亚科	画眉 *Garrulax canorus*	√		√
		大噪鹛 *Babax waddelli*			√
		橙翅噪鹛 *Garrulax elliotii*			√
		棕头雀鹛 *Alcippe ruficapilla*			√
		白颈凤鹛 *Yuhina diademata*			√
		红嘴相思鸟 *Leiothrix lutea*	√		
	莺亚科	海南柳莺 *Phylloscopus hainanus*			√
	山雀科	黄腹山雀 *Parus venustulus*			√
		银脸长尾山雀 *Aegithalos fuliginosus*			√
	雀科	斑翅朱雀 *Carpodacus trifasciatus*			√
		酒红朱雀 *Carpodacus vinaceus*		√	√
		灰头灰雀 *Pyrrhula erythaca*		√	
		黄喉鹀 *Emberiza elegans*		√	
		蓝鹀 *Latoucheornis siemsseni*		√	√

图 9.1　红腹锦鸡分布记录散点图

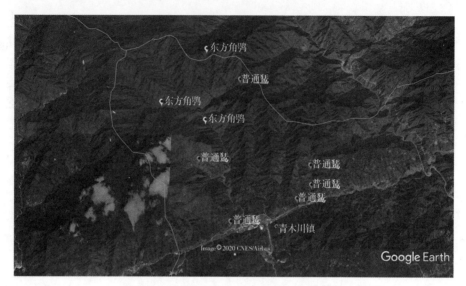

图 9.2　普通鵟和东方角鸮分布记录散点图

第 10 章

哺乳类

关于陕西青木川国家级自然保护区哺乳类调查已做过几次，包括 1997 年陕西省林业厅对宁强县马家山野生动植物资源的初步调查，1998 年西北大学对川金丝猴和猕猴等动物的调查，2001 年陕西省第三次大熊猫普查队在马家山进行的大熊猫普查。在保护区建立之后，中国科学院动物研究所蒋志刚 2005 年对保护区哺乳类再次开展了调查，认为保护区内有哺乳类 7 目 26 科 70 种。本项目历经 13 个月，结合样线法的痕迹和红外相机实体监测，对陕西青木川国家级自然保护区的哺乳类进行了全面连续调查，结果如下。

10.1　种类和相对数量

综合本次调查结果和文献记录，陕西青木川国家级自然保护区有哺乳类 7 目 25 科 74 种（表 10.1）。从分类阶元看，啮齿目鼠科的种类最多，为 13 种；其次是食肉目的鼬科（7 种），翼手目的蝙蝠科（7 种），啮齿目的仓鼠科（5 种）和松鼠科（5 种）（表 10.1）。从调查记录的数量（相对丰富度，RAI）来看，最多的是偶蹄目牛科的羚牛（*Budorcas taxicolor tibetana*，*RAI* = 19.15%）、猪科的野猪（*Sus scrofa*，*RAI* = 18.70%）和鹿科的毛冠鹿（*Elaphodus cephalophus*，*RAI* = 17.21%），其次是灵长目猴科的猕猴（*Macaca mulatta*，*RAI* = 7.84%）和啮齿目豪猪科的豪猪（*Hystrix hodgsoni subcristata*，*RAI* = 5.22%）、偶蹄目牛科的中华斑羚（*Naemorhedus griseus*，*RAI* = 7.46%）和中华鬣羚（*Capricornis milneedwardsii*，*RAI* = 4.68%）（表 10.1）。与蒋志刚（2005）报道的结果相比，本次调查新增加了 8 种，分别是灰麝鼩（*Crocidura attenuata*）、貉（*Nyctereutes procyonoides*）、鼬獾（*Melogale moschata*）、亚洲狗獾（*Meles leucurus*）、黄喉貂（*Martes flavigula*）、石貂（*Martes foina*）、小灵猫（*Viverricula indica*）和赤麂（*Muntiacus vaginalis*），但是在本次调查中没有记录到包括大熊猫（*Ailuropoda melanoleuca*）在内的以往调查或文献记录认为存在的物种有 31 种，这可能说明这些物种在保护区内本身数量很少，也与一些物种（如啮齿目和翼手目）的活动隐蔽有关，它们往往需要长期的连续监测。另外，对于 2005 年调查名录中的达乌尔黄鼠（*Spermophilus dauricus*）、根田鼠（*Microtus oeconomus*）和藏鼠兔（*Ochotona thibetana*），从物种分布数据看不分布在陕西青木川国家级自然保护区所在区域，加之近几次调查并未记录到实体，因此不包括在本次调查给出的哺乳动物名录中。

表 10.1　陕西青木川国家级自然保护区哺乳动物名录

目	科	种	分布范围	相对丰富度（RAI）	备注
食虫目	猬科	东北刺猬 *Erinaceus amurensis*	1, 2, 3	0.00	
	鼩鼱科	北小麝鼩 *Crocidura suaveolens*	1, 2		—
		灰麝鼩 *Crocidura attenuata*	1, 2, 3	0.01	#
		普通鼩鼱 *Sorex araneus*	1, 2, 3	0.01	
		小纹鼩鼱 *Sorex bedfordiae*			—
	鼹科	长吻鼹 *Euroscaptor longirostris*	1, 2, 3	0.00	
		鼩鼹 *Uropsilus soricipes*			—
翼手目	蝙蝠科	白腹管鼻蝠 *Murina leucogaster*	1, 2		—
		东亚伏翼 *Pipistrellus abramus*	1, 2, 3	0.00	
		灰伏翼 *Hypsugo pulveratus*	1, 2, 3		—
		双色蝙蝠 *Vespertilio murinus*	1, 2, 3	0.00	
		大耳蝠 *Plecotus auritus*			—
		须鼠耳蝠 *Myotis mystacinus*			—
		大棕蝠 *Eptesicus serotinus*	1, 2	0.00	
	菊头蝠科	马铁菊头蝠 *Rhinolophus ferrumequinum*	1, 2, 3		
啮齿目	松鼠科	赤腹松鼠 *Callosciurus erythraeus*	1, 2, 3	0.00	
		隐纹花松鼠 *Tamiops swinhoei*	1, 2, 3	0.00	
		珀氏长吻松鼠 *Dremomys pernyi*	1, 2, 3		—
		岩松鼠 *Sciurotamias davidianus*	1, 2, 3	2.40	
		北花松鼠 *Tamias sibiricus*	1, 2, 3		—
	鼯鼠科	复齿鼯鼠 *Trogopterus xanthipes*	1, 2	0.00	
		红白鼯鼠 *Petaurista alborufus*	1, 2		—
		白斑小鼯鼠 *Petaurista elegans*	1, 2		—
	仓鼠科	大仓鼠 *Tscherskia triton*		0.03	
		甘肃仓鼠 *Cansumys canus*			
		黑腹绒鼠 *Eothenomys melanogaster*	1, 2, 3	0.00	
		洮州绒鼠 *Caryomys eva*	1, 2		
		苛岚绒鼠 *Caryomys inez*	1, 2		—
	竹鼠科	中华竹鼠 *Rhizomys sinensis*	1, 2	0.04	
	猪尾鼠科	猪尾鼠 *Typhlomys cinereus*	1, 2, 3	0.00	
	鼠科	滇攀鼠 *Vernaya fulva*	1, 2		—
		小家鼠 *Mus musculus*	2, 3	0.00	
		巢鼠 *Micromys minutus*	1, 2, 3	0.00	
		中华姬鼠 *Apodemus draco*	1, 2, 3		—
		大林姬鼠 *Apodemus peninsulae*	1, 2, 3	0.00	

（续）

目	科	种	分布范围	相对丰富度（RAI）	备注
啮齿目	鼠科	黑线姬鼠 *Apodemus agrarius*	1，2，3	0.00	
		齐氏姬鼠 *Apodemus chevrieri*	1，2，3		—
		黄胸鼠 *Rattus tanezumi*	1，2	0.00	
		褐家鼠 *Rattus norvegicus*	1，2，3	0.07	
		大足鼠 *Rattus nitidus*			—
		针毛鼠 *Niviventer fulvescens*			—
		社鼠 *Niviventer confucianus*	1，2，3	0.07	
		台湾白腹鼠 *Niviventer coninga*	1，2，3	0.01	
	林跳鼠科	林跳鼠 *Zapus setchuanus*	1，2	0.00	
		中国蹶鼠 *Sicista concolor*			—
	豪猪科	豪猪 *Hystrix hodgsoni*	1，2，3	5.22	
兔形目	兔科	蒙古兔 *Lepus tolai*	1，2，3		—
灵长目	猴科	猕猴 *Macaca mulatta*	1，2	7.84	
		川金丝猴 *Rhinopithecus roxellanae*	1	4.10	
食肉目	犬科	狼 *Canis lupus*			—
		貉 *Nyctereutes procyonoides*	1，2，3	0.01	#
	熊科	黑熊 *Ursus thibetanus*	1，2	0.69	
	大熊猫科	大熊猫 *Ailuropoda melanoleuca*	1		—
	鼬科	黄喉貂 *Martes flavigula*	1，2，3	0.57	#
		黄腹鼬 *Mustela kathiah*	1，2，3	0.00	
		黄鼬 *Mustela sibirica*	1，2，3	0.07	
		鼬獾 *Melogale moschata*	1，2	0.03	#
		猪獾 *Arctonyx collaris*	1，2，3	3.02	
		亚洲狗獾 *Meles leucurus*	1，2，3	0.71	#
		石貂 *Martes foina*	1，2，3	0.00	#
	灵猫科	果子狸 *Paguma larvata*	1，2，3	0.25	
		小灵猫 *Viverricula indica*	1，2，3	0.04	#
		大灵猫 *Viverra zibetha*	1，2，3	0.01	
	猫科	金猫 *Pardofelis temminckii*	1，2		—
		豹猫 *Prionailurus bengalensis*	1，2，3	2.50	
		豹 *Panthera pardus*	1		—

（续）

目	科	种	分布范围	相对丰富度（RAI）	备注
偶蹄目	猪科	野猪 *Sus scrofa*	1，2，3	18.70	
	麝科	林麝 *Moschus berezovskii*	1，2	0.67	
	鹿科	小麂 *Muntiacus reevesi*	1，2，3	3.26	
		赤麂 *Muntiacus vaginalis*	1，2	1.17	#
		毛冠鹿 *Elaphodus cephalophus*	1，2，3	17.21	
	牛科	中华鬣羚 *Capricornis milneedwardsii*	1，2，3	4.68	
		中华斑羚 *Naemorhedus griseus*	1，2	7.46	
		羚牛 *Budorcas taxicolor tibetana*	1，2，3	19.15	

注："分布范围"中，1为核心区、2为缓冲区、3为实验区；"备注"里，"-"为以往调查和文献记录的物种，"#"为本次调查新记录到实体的物种。

10.2 分布与栖息地

陕西青木川国家级自然保护区的哺乳类分布情况在不同类群不同物种有所差异。其中，分布较广的是啮齿目的大部分物种和食肉目中的鼬科大部分物种，它们的分布区涵盖保护区核心区、缓冲区和实验区全部区域（表10.1）。而其他类群中也有一些种类分布较广，如猪科的野猪（*Sus scrofa*）、鹿科的毛冠鹿（*Elaphodus cephalophus*）和牛科的中华鬣羚（*Capricornis milneedwardsii*）。这些物种的分布随季节在不同海拔亦表现出波动。在冬春季，它们更倾向于在低海拔的缓冲区和实验区活动，而到夏秋季则移动到高海拔的核心区内。灵长目的两种猴分布区比较稳定，川金丝猴（*Rhinopithecus roxellanae*）的分布海拔区间大致为1280~2000米，分布范围包括玉泉坝、大木通、凤凰山、错欢喜、岩阔山、大坪、中梁沟和平沟，三省交界处的山脊也是川金丝猴的主要活动区。猕猴（*Macaca mulatta*）的分布海拔稍低在600~1700米之间，分布范围包括大木通、凤凰山、错欢喜、岩阔山、平沟、中梁沟、中梁、大坪、小角湾、青水牙和王家湾等地。

从栖息地选择情况看，羚牛（*Budorcas taxicolor tibetana*）、黑熊（*Ursus thibetanus*）、川金丝猴（*Rhinopithecus roxellanae*）、猕猴（*Macaca mulatta*）、林麝（*Moschus berezovskii*）、赤麂（*Muntiacus vaginalis*）、豹猫（*Prionailurus bengalensis*）等偏好亚高山针阔混交林和阔叶林生境，而豪猪（*Hystrix hodgsoni subcristata*）、貉（*Nyctereutes procyonoides*）、果子狸（*Paguma larvata*）以及鼬科的几个物种偏好阔叶林和灌草丛生境，其余物种则能够选择包括农区在内的各种类型的生境。

10.3 地理区系分析

陕西青木川国家级自然保护区位于秦岭、大巴山及岷山交汇处，属于东洋界中印亚界季风区南部华中区西部山地高原亚区。在青木川保护区哺乳动物中，属于古北界的物种有15种，占全部物种的20.27%；东洋界物种有19种，占全部物种的25.68%；广布型等其他类型的物种有 40 种，占全部物种的 54.05%（表 10.2）。陕西青木川国家级自然保护区哺乳类中以广布种等其他类型为主，其次是东洋界物种。

表 10.2　陕西青木川国家级自然保护区哺乳类的分布型

目	科/亚科	物种数（种）	区系成分种数（种）		
			古北界	东洋界	其他界或不易归类的
食虫目	猬科	1			1
	鼩鼱科	4	1		3
	鼹科	2			2
翼手目	蝙蝠科	7	3		4
	菊头蝠科	1			1
啮齿目	松鼠科	5	1	2	2
	鼯鼠科	3		1	2
	仓鼠科	5			5
	竹鼠科	1		1	
	猪尾鼠科	1			1
	鼠科	13	4	5	4
	林跳鼠科	2		1	1
	豪猪科	1		1	
兔形目	兔科	1			1
灵长目	猴科	2		1	1
食肉目	犬科	2			2
	熊科	1			1
	大熊猫科	1			1
	鼬科	7	3	2	2
	灵猫科	3		3	
	猫科	3		2	1
偶蹄目	猪科	1	1		
	麝科	1			1
	鹿科	3	1		2
	牛科	3	1		2
合计		74	15	19	40

　　从区系形成历史来看，第四纪时陕西青木川国家级自然保护区动物类群属于大熊猫-剑齿象动物群。在这个动物群中，川金丝猴（*Rhinopithecus roxellanae*）、豪猪（*Hystrix hodgsoni subcristata*）和小麂（*Muntiacus reevesi*）等是从早更新世延续至今的种类；而毛冠鹿（*Elaphodus cephalophus cephalophus*）和中华鬣羚（*Capricornis milneedwardsii*）等则是中更新世在此动物群中

出现并延续至今；林麝（*Moschus berezovskii*）从中更新世便出现在秦岭以南。由此，陕西青木川国家级自然保护区哺乳动物具有一定的古老孑遗性，区系成分复杂多样，显示出这一地区哺乳动物区系由东洋界向古北界过渡的特点。

10.4 重要物种

陕西青木川国家级自然保护区内有 11 种哺乳动物被列入《国家重点保护野生动物名录》，其中，国家一级重点保护野生动物 5 种，即川金丝猴（*Rhinopithecus roxellanae*）、大熊猫（*Ailuropoda melanoleuca*）、豹（*Panthera pardus*）、林麝（*Moschus berezovskii*）和羚牛（*Budorcas taxicolor tibetana*）；国家二级重点保护野生动物 6 种，即猕猴（*Macaca mulatta*）、黑熊（*Ursus thibetanus*）、大灵猫（*Viverra zibetha*）、小灵猫（*Viverricula indica*）、中华鬣羚（*Capricornis milneedwardsii*）和中华斑羚（*Naemorhedus griseus*）（表 10.3）。有 9 种被列入《陕西省重点保护野生动物名录》（表 10.3）。另外，陕西青木川国家级自然保护区内有 10 种哺乳动物为中国特有种。其中，啮齿类 6 种，灵长类 1 种，食肉类 1 种，有蹄类 2 种（表 10.3）。

表 10.3 陕西青木川国家级自然保护区哺乳类重要物种

目	科/亚科	种名	国家重点保护野生动物	陕西省重点保护野生动物	中国特有种
啮齿目	松鼠科	岩松鼠 *Sciurotamias davidianus*			√
	鼯鼠科	复齿鼯鼠 *Trogopterus xanthipes*			√
	仓鼠科	甘肃仓鼠 *Cansumys canus*			√
		洮州绒鼠 *Caryomys eva*			√
		苛岚绒鼠 *Caryomys inez*			√
	鼠科	滇攀鼠 *Vernaya fulva*			
	林跳鼠科	林跳鼠 *Zapus setchuanus*			√
		中国蹶鼠 *Sicista concolor*			
灵长目	猴科	猕猴 *Macaca mulatta littoralis*	二级		
		川金丝猴 *Rhinopithecus roxellanae*	一级		√
食肉目	犬科	狼 *Canis lupus chanco*		√	
		貉 *Nyctereutes procyonoides*		√	
	熊科	黑熊 *Ursus thibetanus*	二级		
	大熊猫科	大熊猫 *Ailuropoda melanoleuca*	一级		√
	鼬科	石貂 *Martes foina*	二级		
		鼬獾 *Melogale moschata*		√	
		猪獾 *Arctonyx collaris*		√	
		亚洲狗獾 *Meles leucurus*		√	
	灵猫科	小灵猫 *Viverricula indica*	二级		

（续）

目	科/亚科	种名	国家重点保护野生动物	陕西省重点保护野生动物	中国特有种
食肉目	灵猫科	大灵猫 *Viverra zibetha*	二级		
		果子狸 *Paguma larvata*		√	
	猫科	豹猫 *Prionailurus bengalensis*		√	
		豹 *Panthera pardus fusca*	一级		
偶蹄目	麝科	林麝 *Moschus berezovskii berezovslii*	一级		
	鹿科	小麂 *Muntiacus reevesi reevesi*		√	√
		毛冠鹿 *Elaphodus cephalophus*		√	
	牛科	中华鬣羚 *Capricornis sumatraensis*	二级		√
		中华斑羚 *Naemorhedus griseus*			
		羚牛 *Budorcas taxicolor tibetana*	一级		

在这些重要物种中，中华斑羚和小麂分布在整个实验区的各个功能区，而其他重要物种则仅分布在核心区和缓冲区。几个重点物种分布的散点图见图 10.1 至图 10.3（附图 5~附图 7，其中，川金丝猴、猕猴、羚牛和林麝等见后面章节的专论）。

图 10.1　黑熊和黄喉貂分布记录散点图

图 10.2 中华鬣羚分布记录散点图

图 10.3 中华斑羚和小鹿分布记录散点图

第11章

关键物种

陕西青木川国家级自然保护区建立的初衷是保护大熊猫、金丝猴等珍稀野生动植物及其栖息环境。那些极度濒危物种或国家重点保护物种是本次调查的重要内容。我们重点关注了大熊猫、川金丝猴、猕猴、羚牛和林麝等物种。根据调查结果和数据的多寡，本章对川金丝猴等4个关键物种进行描述。

11.1 川金丝猴(*Rhinopithecus roxellanae*)

11.1.1 物种描述及生态习性

川金丝猴(*Rhinopithecus roxellanae*)，隶属于灵长目(Primates)、猴科(Cercopithecidac)、疣猴亚科(Colobinae)、仰鼻猴属(Rhinopithecus)，别名狮子鼻猴、仰鼻猴、金绒猴、蓝面猴、长尾子、线子、线狨、马狨、果然兽、果然狨、或"狨"《蜀中广记》、"喜或嘉"(藏语)，为体型中等猴类。鼻孔向上仰，颜面部为蓝色，无颊囊。颊部及颈侧棕红，肩背具长毛，色泽金黄，尾与体等长或更长。成年雄性体长平均为680毫米，尾长685毫米。

川金丝猴是典型的森林树栖动物，常年栖息于海拔1500～3300米的森林中。其植被类型和垂直分布带属亚热带山地常绿、落叶阔叶混交林、亚热带落叶阔叶林和常绿针叶林以及次生性的针阔叶混交林等四个植被类型，随着季节的变化，它们不向水平方向迁移，只在栖息的生境中作垂直移动。川金丝猴为群栖生活，每个大的集群是按家族性的小集群为活动单位。每个小家族集群又由一强健的成年雄体为首领猴和3~5只雌猴及3岁以下的幼猴和哺乳的仔猴所组成。金丝猴的食性很杂，但主要以植物性食物为主，共包括138科的双子叶植物。春季，它们主要采食假稠李(*Maddenia hypoglauca*)、花楸(*Sorbus pohuashanensis*)、栎(*Quercus acutissima*)、槭类、冬青(*Ilex chinensis*)、野樱桃(*Cerasus szechuanica*)、构树(*Broussonetia papyrifera*)等植物的芽苞、枝芽、花蕾以及木姜子、杜鹃等花瓣，也偶见有少数雄体下地吃野当归和紫花碎米荠幼苗。夏季，主要采食桦、假稠李、紫花卫矛(*Euonymus porphyreus*)、野樱桃、花楸、板栗(*Castanea mollissima*)、桑(*Morus alba*)、构树、冬青、山楂(*Crataegus pinnatifida*)、山葡萄(*Vitis amurensis*)等。秋季，以各种花楸、海棠(*Malus spectabilis*)、山楂、猕猴桃(*Actinidia chinensis*)、拐枣(*Hovenia acerba*)等果实和松、板栗、高山栎(*Quercus semicarpifolia*)等种子，有时也下地觅取。冬季，主要是在林中啃食多种树皮、藤皮以及残留的花序、果序、树干上的松萝、苔藓等。川金丝猴的日活动节律为在上午和下午各有一个明显的取食高峰，在中午有一个明显的休息高峰。川金丝猴会因栖息地环境和食物的季节性变化，进而导致日活动节律的改变，如冬季与其他季节相比环境最恶劣、食物资源最为匮乏，川金丝猴缩短了休息期，而延长了用于取食和寻找食物的时间；家域的大小、食物资源的空间分布状况及可获得性等同样也对川金丝猴的日活动节律产生影响，但只是在高峰期的时间上有所调整。川金丝猴性成熟期雌性早于雄性，雌性4~5岁，雄性迟到7岁左右。全年均有交配，但8~10月为交配盛期，孕期6个月左右，多于3~4月产仔，个别也有在2月或5月产仔的。成年猴群中，雄雌性比约为1∶2。天敌有豺(*Cuon alpinus*)、狼、金猫、豹、雕、鹫、鹰等。

11.1.2　物种分布与种群生物学

川金丝猴分布于中国四川、甘肃、陕西和湖北，在四川主要分布于岷山、邛崃山、大雪山和小凉山，包括南坪、松潘、黑水、平武、青川、北川、茂汶、汶川、理县、安县、绵竹、大邑、什邡、都江堰市、彭县、崇庆、天全、芦山、宝兴、泸定、康定和马边等22个县境内的部分林区；在甘肃主要分布于文县、舟曲和武都等县的部分林区，属岷山和邛崃山向北伸延的山地；在陕西主要分布于秦岭南坡，包括佛坪、洋县、周至、太白、宁陕等县的部分林区在湖北，主要分布于神农架山区，包括房县、兴山和巴东等3个县的部分林区，属大巴山东段。

结合以往多次调查，陕西青木川国家级自然保护区的金丝猴主要分布范围包括玉泉坝、大木通、小木通、凤凰山、错欢喜、岩阔山、大坪、中梁沟、中梁、平沟及三省交界处的山脊一带(图11.1，附图8)。保护区金丝猴群分布海拔区间大致为1280~2000米的核心区，且四季的分布略有差异。分布高度的变化主要与物候区有关，同时也受人为干扰的影响。

图11.1　陕西青木川国家级自然保护区川金丝猴记录散点图

在数量上，刘广超(2007)报道了全国已知川金丝猴的22个分布点情况，其中，四川汉川地区的川金丝猴种群数量为4000只左右，接近5000只，川金丝猴种群数量达到500只以上的分布点占全部分布点的 59%，分布点种群数量为 100～200 只的占全部分布点的 41%。据此可以认为，我国川金丝猴种群个体数普遍处于最小可延续生存水平以下，但种群数量在 500 只以上的种群，83% 以上是在保护区内，并且大多数种群数量处于增长或稳定状态。

在陕西青木川国家级自然保护区，2005 年川金丝猴数量为 170～200 只，通过本次调查发现川金丝猴有 2～3 群，种群数量为 200～220 只，相对于 2005 年数量有所增长。另外，雌雄比例约为 2.5∶1，在年龄结构上，成体∶亚成体∶幼体 = 6∶6∶1，说明陕青木川国家级自然保护区的金丝猴种群在整体上保持稳定的趋势。

11.1.3 受威胁因素与保护现状

该物种面临的主要威胁是栖息地的丧失。近代以来，随着人类活动的加剧，如农业扩张导致森林大量砍伐，旅游业相关活动以及持续的栖息地丧失造成了川金丝猴生境破坏，分布不连续，分布缩小，最终导致绝迹。而再次的毁林开荒，林中放牧，缩小了他们的生境。刘广超（2007）的研究也表明，在湖北神农架林区，最适宜川金丝猴栖息区域的面积占 8.93%，适宜川金丝猴栖息区域的面积占 55.46%，次适宜面积占 33.54%，不适宜栖息地的面积占 2.07%，其中最适宜和适宜区域的面积占 64.39%。而在陕西周至国家级自然保护区，最适宜川金丝猴栖息区域的面积占 21.75%，适宜川金丝猴栖息区域的面积占 54.99%，次适宜面积占 16.71%，不适宜其栖息的面积占 5.55%，其中，最适宜和适宜区域的面积占 76.74%。

目前，川金丝猴的分布已经显现出来典型的生境破碎化状态，又由于川金丝猴毛皮美丽，成为偷猎者猎捕的对象，偷猎盗猎现象时有发生，这也直接或间接地影响了川金丝猴的生存，加之易受到天敌的袭击和捕食，川金丝猴的生存现状依旧十分严峻。

川金丝猴已被列入《濒危野生动植物种国际贸易公司约》（CITES）附录 I，并在 1989 年被列为国家一级重点保护野生动物。该物种存在的保护区包括：四川白河国家级自然保护区、长青国家级自然保护区、陕西佛坪国家级自然保护区、陕西省老县城国家级自然保护区、湖北神农架国家公园、陕西太白山国家级自然保护区、四川王朗国家级自然保护区、陕西周至国家级自然保护区等近 50 个自然保护区或国家公园等保护地，总面积超过 230 万公顷。刘广超（2007）认为有 21% 左右的川金丝猴保护区基本建设和管护站点等基本条件较好，在保护川金丝猴方面发挥了很好的作用，但是也有 43% 的保护区由于缺乏建设和管理资金，只能开展一些常规性的保护工作，而 36% 的自然保护区建立时间不长，许多工作还处于起步的阶段，需要得到政府的支持。新近的未发表数据表明，约 60% 的川金丝猴种群被保护在国家级自然保护区内，适宜栖息地面积也增加了约 5%。

11.2 猕猴（*Macaca mulatta*）

11.2.1 物种描述及生态习性

猕猴（*Macaca mulatta*），隶属于灵长目（Primates）、猴科（Cercopithecidae），猴亚科（Cercopithecinae），猕猴属（*Macaca*），别名猢猴、黄猴、沐猴、恒河猴、马骝、广西猴、

"折"(藏语)。猕猴是自然界中最常见的一种猴。个体稍小，颜面瘦削，头顶没有向四周辐射的旋毛，额略突，肩毛较短，尾较长，约为体长之半。通常多为灰黄色。不同地区和个体间体色往往有差异。有颊囊。四肢均具5趾，有扁平的指甲。臀胝发达，多为肉红色。

猕猴是我国灵长类中对栖息条件要求较低的一种，从低丘到3000~4000米高海拔、僻静有食的各种环境都有栖息，喜欢生活在石山的林灌地带，特别是那些岩石嶙峋、悬崖峭壁又夹杂着溪河沟谷、攀藤绿树的广阔地段，更是最理想的生活场所。在高纬度或高海拔地区的冬季和早春，因为树木落叶、雪被等因素而导致许多野生动物觅食困难，猕猴在冬季偏好选择那些接近水源、植被郁闭度较高、有高大树木的生境。猕猴为集群生活，猴群大小因栖息地环境优劣而有别，一般都有十数头或数十头。繁殖和缺食季节，往往集群大些，故活动范围也较大。猕猴也是以植物性食物为主，食物源有81属182种。另外，还有蕨类1属1种被猕猴取食。猕猴取食植物的种类和部位随季节及植物生长期而不同，春季(2~4月)气温较低，主要采食植物的嫩芽、嫩叶及花，以青檀、大果榉、大叶朴、榆等及子栎的种子为主。夏季和秋季植物相继开花、结果，食物源较丰富，可取食植物种类最多，占总数90%以上，主要有青檀、小叶朴、悬钩子、桑、猕猴桃、山葡萄、酸枣、山楂、五味子、三叶木通、八月柞、黑枣、山杏、山桃等。采食部位随植物生长期不同，主要采食嫩枝、叶、花、果。秋季果实成熟季节则以果实为主。冬季(11月至次年2月)植物绝大多数枯萎、落叶，可食用种类很少，猕猴主要采食榆、青檀、构树、胡枝子、荆条、野皂角等植物的根、皮以及麻栎、华山松、槲栎、栓皮栎等植物的种子。猕猴的日活动节律表现为上午和下午各出现一次觅食高峰，中午有一个明显的长时间休息高峰。食物资源的数量、质量和时空分布是影响猕猴活动时间分配的重要因素之一，此外，群体大小的差异也是影响猕猴动物活动时间分配差异的因素之一。猕猴一般于11月至12月发情。次年3月至6月产仔。妊娠期为163天左右。雌性2.5~3岁性成熟，雄性4~5岁性成熟，但最早于6~7岁参与交配。哺乳期约4个月。在饲养条件下寿命长达30岁。

11.2.2　物种分布与种群生物学

猕猴是世界及中国分布最为广泛的一种非人灵长类动物，分布于南亚和东南亚地区的11个国家，范围涵盖从北纬15°(印度、泰国、老挝、缅甸、越南)至北纬36°左右(阿富汗、巴基斯坦、印度、中国)，东经120°(中国)至东经70°(阿富汗、印度)这一广阔地区。在中国境内分布于19个省(直辖市、自治区)，包括南方诸省(自治区)，以广东、广西、云南、贵州等地分布较多，福建、安徽、江西、湖南、湖北、四川、浙江次之，陕西、山西、河南、河北、青海、西藏、海南等局部地点也有分布。

结合调查，分布范围包括大木通、小木通、凤凰山、错欢喜、岩阔山、大坪、中梁沟、中梁、平沟、小角湾、青水牙和王家湾等地，在海拔大致为600~1700米区域活动(图11.2，附图9)。从分布范围来看，保护区内猕猴正朝着适应人类的方向进化，部分猕猴已经习惯了生活在人类干扰程度较高的森林和农田附近。

目前，关于全国猕猴种群数量没有完整的统计，20世纪80年代估计为150000只，21

图 11.2　陕西青木川国家级自然保护区猕猴分布记录散点图

世纪报道的数据为 77913 只，但是被认为低估了，因为除了猕猴种群的自然增长之外，可能还存在调查范围的差异（路纪琪等，2018）。

陕西青木川国家级自然保护区，2005 年猕猴数量为 280~300 只，通过本次调查发现川猕猴数量在 300 只左右，与 2005 年数量相比，保持稳定的数量，雌雄比例约为 2∶1，而在年龄上呈现出成体∶亚成体∶幼体＝3∶5∶1 的年龄结构，由此可见，猕猴种群数量中亚成体占很大部分，猕猴的数量在保持数量的同时有增加的趋势。

11.2.3　受威胁因素与保护现状

在 20 世纪，乱捕滥猎是猕猴致危的主要因素，50 年代我国不少产猴区，猕猴数量多，故而出现下山糟蹋农作物的猴害。群众为保护庄稼，千方百计组织捕杀，有关部门大量组织收购并出口，导致猕猴资源受到致命的破坏。此后，虽原则上控制在仅限人工饲养繁殖的后代方可出口，但年出口量仍然可观。近年来，随着人类经济活动的增加，开荒毁林和乱砍滥伐成为威胁猕猴的主要因素，产生的影响包括生境破碎化、种群隔离、遗传多样性丧失等各个方面。猕猴分布区人口的增长，猕猴的主要生境虽然不是主要的开发对象，但其附近地区的开垦，也迫使猕猴进入窘境。另外，人工投食和近距离接触是最直接影响猕猴的因素，可能会导致食性改变、行为异常、疫病传播风险升高等后果（路纪琪等，2018）。

该物种已被列入 CITES 附录 Ⅱ，并被列为国家二级重点保护野生动物。对于该物种的保护途径主要是建立自然保护区，比如，在河南、山西境内分别建立了以猕猴为主要保护对象的国家级自然保护区和一批省级自然保护区，而在陕西、湖北、四川、云南、广东、广西、海南等省(自治区)的一些国家级、省级自然保护区的保护对象也包括了猕猴。这些保护区包括：山西蟒河自然保护区、浙江乌岩岭国家自然保护区、河南太行山猕猴自然保护区、湖南八大公山国家级自然保护区、广东内伶仃岛—福田国家级自然保护区、广东担杆岛猕猴保护区、广东台山上川岛猕猴省级自然保护区、广西崇左珍贵动物保护区、广西大新珍贵动物保护区、广西下雷水源林保护区、广西扶绥珍贵动物保护区、广西布柳河水源林保护区、广西穿洞河水源林保护区、海南铜鼓岭国家级自然保护区、海南大花角自然保护区、海南南湾猕猴自然保护区、河北六里坪国家猕猴保护区等。在这些保护区内，猕猴的种群数量多表现为稳定或增长，有的如海南岛南湾猕猴自然保护区建立20多年来，猕猴种群增长了近10倍，数量逾千只。

11.3　羚牛(*Budorcas taxicolor tibetana*)

11.3.1　物种描述及生态习性

羚牛(*Budorcas taxicolor tibetana*)，隶属于偶蹄目(Artiodactyla)、牛科(Bovidae)、羊亚科(Caprinae)、羚牛属(*Budorcas*)，别名羚牛四川亚种、扭角羚、藏牛羚、盘头羊(川北)、野牛和封牛(川西)、山牛和野山牛(甘肃)、"食盐兽"(《川北县志》)、"勒依尼"(彝族)、"弄"(藏族)。羚牛四川亚种成体体重300~600千克，全长2米左右。体型庞大粗重，四肢粗笨，肩高大于臀高，尾短，10~15厘米。羚牛四川亚种背毛短松，吻鼻部至近眼1/3处均为黑色，头余部为浅赤黄，躯干前半部分以黄棕色为主，越往后毛色越深，但不同年龄段个体体色变异较大。羚牛出生后一年开始长角，初始状态是短而直，随着年龄增长，约3岁以后开始偏向外侧，再往头后扭转，且角尖向内，因此羚牛在四川被称为扭角羚。

羚牛四川亚种除了在秦岭南端有分布，更多地出没于四川盆地向青藏高原过渡的高山、亚高山森林。灌丛或草甸，海拔1500~4000米。有季节性迁移现象，但其主要栖息地是在海拔2000~3400米的针阔混交林或针叶林。羚牛春季栖息地具备海拔高、食物丰富、中上坡位、针阔混交林和郁闭度小于40%的生境，而冬季栖息地具备中等坡度、中等海拔、高大乔木等特征的生境。除以植被为主的栖息地选择外，羚牛春季利用的地形更偏离峭壁或陡坡，坡度更缓和，海拔更低，明显偏离山脊，地形起伏程度较低的生境。羚牛四川亚种迁移发生的周期复杂多样，目前羚牛四川亚种的季节性迁移影响因素的构成尚不清楚。羚牛四川亚种多营群栖，集群数量变化很大，少则3~5头，一般为10~45头，在冬季常聚合成60~130头的大聚集群。活动范围可达100余平方千米。羚牛是以采食嫩枝叶为主，兼食草本植物的植食动物。羚牛四川亚种所采食的植物种类十分广泛，约有138种。羚牛食性的季节性变化与植物的可利用性有关，也与羚牛随季节的变化而在不同海拔范围内活动的习性有关。春季，主要在河谷以青草嫩枝叶等为食；夏秋季，逐渐上移以枝叶和高山草甸的籽实和草料为食；冬季，主要以箭竹、玉山竹和巴山木竹等属的高山竹类为食。羚牛还如同大多数偶蹄类一样，具有舔食盐碱，以获得微量元素的习性。每个社群的活动范围内，往往都有一两处含盐碱较多的地方或含硫的泉水，俗称盐场、牛场、盐井或臭水。羚牛在冬季和春季的日活动模式没有显著差异，每天都有3个活跃时期(凌晨、早上和下午)和3个紧随的不活跃时期。其中，冬季日活动的最高峰出现在下午17：00~18：00，最低谷出现在日出前3：00~6：00；春季最高峰出现在早上6：00~7：00，最低谷出现在日出前2：00~5：00。在春季，羚牛在上午活跃期的活动强度明显高于下午活跃期，而在冬季则相反。春季与冬季相比，羚牛上午和下午的两个活跃时间段都有提前。羚牛每天的活动节律与气温的变化相关。降雨也会对羚牛每天的活动节律产生影响。年龄对羚牛活动节律的影响主要表现在羚牛的昼夜活动节律和时间分配方面的差异。羚牛于4岁性成熟，繁殖期在4~8月，孕期8~9月，于次年3~5月一般产1仔，偶产2仔。据在唐家河国家级自然保护区调查，100个雌体中，平均产仔37~48头，每年有近半数的雌体参加繁殖，而且有利于护幼的集群方式，故其存活率也比较高。羚牛的天敌有豺、豹和西藏棕熊。

11.3.2 物种分布与种群生物学

羚牛是亚洲的特有物种，主要分布在中国，还见于缅甸、印度和不丹(97°30′~109°30′E，25°10′~34°10′N)。羚牛指名亚种仅分布于雅鲁藏布江大拐弯江岸以东及西藏墨脱以南的米什米山地，往东延伸至云南的高黎贡山，国外见于缅甸东北部和印度。羚牛不丹亚种主要分布在中国西藏东南喜马拉雅山脉的东段、雅鲁藏布江流域大拐弯的西南部山脉及不丹境内。羚牛秦岭亚种分布在陕西南部秦岭山脉，其中，太白县、佛坪县、周至县、洋县、宁陕县是秦岭羚牛的主要分布区。羚牛四川亚种分布在四川西部及甘肃东南部，分布区跨越6个山系，四川与甘肃交界的岷山山系和四川邛崃山系是羚牛的主要分布区，四川的相岭山系、凉山山系、大雪山和沙鲁里山系也有少量羚牛分布。

曾治高等(2005)研究表明，分布在陕西青木川国家级自然保护区的羚牛为羚牛四川亚种(*Budorcas taxicolor tibetana*)，是陕西省唯一一个有羚牛四川亚种分布的区域。换言之，陕西青木川国家级自然保护区是羚牛四川亚种分布的最东北边界。结合本次调查，陕西青木川国家级自然保护区的羚牛主要分布以中梁沟、凤凰山为中心的两个区域范围内，在海拔大致为1100~2000米的区域活动。

关于在中国分布羚牛的种群数量及其动态的研究较少，综合已有的文献表明，云南高黎贡山自然保护区现有羚牛300余只，分布于西藏的羚牛接近3000只。对秦岭山脉羚牛种群数量的首次调查是在1974年，共记录到1242只羚牛，目前在秦岭地区有佛坪、太白山、周至、牛背梁、长青和老县城等多个自然保护区，整个秦岭羚牛种群有3500~4000只。

陕西青木川国家级自然保护区2005年羚牛的数量大约为20只，通过本次调查发现羚牛数量有100只左右，相比于2005年，羚牛的数量显著增加。另外，保护区内羚牛的雌雄比例约为1：1，而年龄比例则呈现出成体：亚成体为1：2的年龄结构，预示着羚牛种群动态的上升趋势。

11.3.3 受威胁因素与保护现状

威胁羚牛的因素包括生境破碎化、种群隔离、保护区外围的非法狩猎活动、人类活动干扰等。其中最主要的因素是栖息地破碎化导致的种群隔离。尤其是对羚牛四川亚种，这一因素显得更加突出。20世纪普查数据表明，由于森林采伐，四川全省已有40多个县的扭角羚成为岛状分布，长期的种群隔离导致种群间缺少基因交流，有造成该物种种群衰退的风险。就青木川国家级自然保护区而言，从保护区周边的植被状况、道路及人类活动(农业生产和旅游)情况来看，保护区羚牛向周边扩散交流已经存在明显的障碍，在大的空间尺度上该区域的羚牛与其他分布区种群表现为相互隔离。

人类干扰对羚牛的影响则需要从两方面分析，一是在保护区外的种群，由于公路交通、采矿等活动，影响羚牛的活动限制它们的运动范围，进而威胁到种群生存。而另一方面，则是保护区内羚牛种群增长密度增加，导致它们扩张到保护区外的农区活动，并不时与人类正面冲撞，造成人员伤亡和财产损失，由此引起社区居民对保护羚牛的态度发生转变，不再积极参与其中。

羚牛已被列入 CITES 附录 II，并在 1988 年被列为国家一级重点保护野生动物。自20世纪60年代，我国陆续建立的许多自然保护区内有羚牛分布，它们是云南高黎贡山国家级自然保护区、四川卧龙国家级自然保护区、四川王朗国家级自然保护区、四川唐家河国家级自然保护区、四川马边大风顶国家级自然保护区、四川美姑大风顶国家级自然保护区、四川九寨沟国家级自然保护区、四川蜂桶寨国家级自然保护区、四川铁布梅花鹿自然保护区、四川白河国家级自然保护区、四川天全喇叭河省级自然保护区、陕西长青国家级自然保护区、陕西佛坪国家级自然保护区、陕西省老县城国家级自然保护区、陕西太白山国家级自然保护区、陕西周至国家级自然保护区、甘肃白水江国家级自然保护区等，在这些保护区内的羚牛分布收到了很好的保护，羚牛种群数量逐渐恢复，一些保护区的羚牛种群发展到甚至接近最大环境容纳量(图11.3，附图10)。

图 11.3 陕西青木川国家级自然保护区羚牛分布记录散点图

11.4　林麝 (*Moschus berezovskii*)

11.4.1　物种描述及生态习性

林麝 (*Moschus berezovskii*)，隶属于偶蹄目 (Artiodactyla) 麝科 (Moschidae) 麝属 (*Moschus*)，别名南麝、森林麝，是体型最小的麝科动物，体长 600~800 毫米，尾长 30~50 毫米，肩高 700 毫米，平均体重 7 千克。林麝两性大小相似，具鼻镜，但均无角，无臀斑。耳廓大，耳肌发达，耳内结构复杂。耳朵竖起，能够从四周环境中收集声音信号。雄麝上犬牙发达，一般长 50~60 毫米，基部宽 7~8 毫米。成麝体毛粗硬易断，毛干呈波纹状弯曲，毛尖逐渐变窄，中空且髓腔特别发达，具有良好的隔热性能，无绒毛。尾巴呈指状，周围含有丰富的腺体，并隐于臀部毛丛中，外露不显著，具有分泌外激素标记领域的功能。第二、第五指 (趾) 比较原始，足部 4 蹄均有功能，能够支持身体重量，利于深陷雪地或泥地行走。指 (趾) 尖韧带发达，平地漫步觅食时，侧蹄与主蹄同时着地，受惊吓时，仅靠主蹄发力，侧蹄悬空，跳跃至岩石或树枝。雄麝上犬牙特别发达，裸露于唇外，且长有麝香腺，能分泌麝香，晾干后呈咖啡色。雌麝既无獠牙又无麝香囊，且吻部较雄麝狭窄。

林麝为典型的小型林栖偶蹄类动物，主要生活在海拔 2000~3800 米的阔叶林、针阔混交林、针叶林及高山灌丛、林缘草地等生境。善于跳跃，能登上倾斜的树干和在树枝上站立。林麝栖息地的选择受到植被因素、地形因素、水热因素和基底因素等的综合影响。林麝全年取食植物 38 科 88 种，每个季节的食物都不尽相同，但取食对象主要集中于械树科、蔷薇科、虎耳草科。壳斗科、唇形科、桑科以及锻树科的一些植物在特定季节取食量也比较大。主要采食木本植物，偶尔也会取食禾草类植物。每天从凌晨 4~5 时便开始活动，到天亮以后结束，白天休息，黄昏以后再活动到午夜之前。雄兽和雌兽都具有发达的尾脂腺。在山路中行走时，往往将尾脂腺中的分泌物通过摩擦涂抹在路旁树干、木桩或岩石凸出处，并且在固定的场所排便，形成粪堆。林麝各地繁殖情况有差异。在四川，于 11~12 月发情，最迟可延至 1 月；在广西 9~10 月发情交配，雌麝发情周期为 15~25 天，孕期 176~183 天，多数在 6 月产仔，每胎 1~3 仔，多为 2 仔，但据向长兴报道，广西林麝大多每胎 1 仔。引种上海饲养的四川林麝，第一胎多为 1 仔，第二胎起多为 2 仔，也有 3 仔的，但仅有 2 仔成活，哺乳期 2~3 个月。头两个月幼仔藏在偏僻的地方，除了采食时间不和母亲在一起，在 1.5 岁时性成熟。

11.4.2　物种分布与种群生物学

林麝在我国四川、广东、湖南、贵州、陕西、河南、西藏、安徽、广西、湖北、甘肃、宁夏、山西、云南、青海等 15 个省、自治区都有分布，其中，以陕西和四川的林麝数量较多。具体分布区范围北抵宁夏六盘山、陕西秦岭山脉；东至安徽大别山、湖南西部；西至四川，西藏波密、察隅，云南北部；南至贵州、广东及广西北部山区。在国外，越南北部也有分布。

结合调查，陕西青木川国家级自然保护区的林麝主要分布范围包括黄喉沟、马家山、斜台山、凤凰山等地，在海拔大致为 900~1700 米的区域活动(图 11.4，附图 11)。

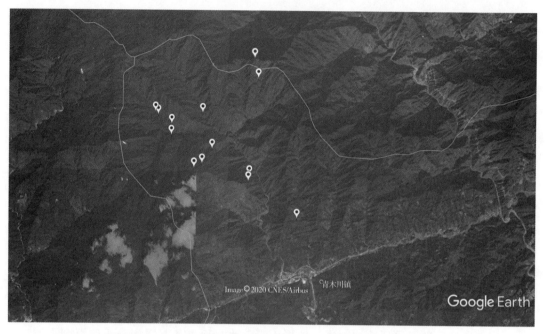

图 11.4　陕西青木川国家级自然保护区林麝分布记录散点图

21 世纪初关于全国林麝的种群数量的报道认为在 28600~35000 只(郜二虎，2005)。陕西秦岭和大巴山是林麝最主要的分布区，江廷安(1997)通过 12 个样方，对陕西省秦巴山区林麝的数量进行了调查，认为其密度在 2.49 只/平方千米，而凤县林麝的数量最多为 3700 只±500 只，宁强县有 2900 只±400 只，并由此推算出陕西省林麝资源存量为 85200 只±10400 只。

在陕西青木川国家级自然保护区，通过本次调查发现林麝数量为 25~35 只，年龄呈现出成体：亚成体为 3：1 的结构，以前对于林麝在青木川自然保护区的数量没有资料，从年龄结构来看，林麝的数量在一定程度上相对稳定。

11.4.3　受威胁因素与保护现状

在开展野生动物自然保护以前，过度捕猎是威胁林麝的最主要因素，原因是国内外对麝香需求量的不断增加，价格飞快上涨，导致一些偷猎者的乱捕滥猎，加之在管理上长期缺位，使得野生林麝数量大幅度下降。在对林麝等野生动物开展立法保护，并建立了许多自然保护区或保护地以后，对栖息地的干扰和破坏就成了威胁林麝的最重要因素。大面积原生混交林及高山灌丛遭到砍伐后，有的开垦作农田，有的改建果林，有的栽上纯种林，有的成为次生林，使林麝丧失了大量的栖息地。当然，由于国际上麝香市场的巨大需求，仍然导致目前的非法捕麝十分严重，虽有野生动物管理部门的严加防控，但有时也是防不胜防，野生林麝资源仍然经受着严重威胁。

该物种已被列入 CITES 附录 II，并在 2002 年麝属各种都被列为国家一级重点保护野生动物，严禁违法捕猎及麝香自由买卖。在有林麝的分布区已建立有多个自然保护区，有些保护区实行了针对林麝等关键物种的认真保护，效果较显著。但多数自然保护区，保护措施不落实，保护区内的麝或已罕见，或已绝迹。

第12章

动物的濒危与保护重要性

自然保护区内的物种濒危与保护情况标志着保护区的重要性。而保护区的保护管理则更应侧重于那些受威胁的、极度濒危的和保护等级高的物种，同时也应有针对性的保护这些物种的栖息环境。以下列出与动物保护管理有关的几个重要属性。

(1)国家重点保护野生动物

《中华人民共和国野生动物保护法》将国家重点保护的野生动物划分为国家一级重点保护野生动物和国家二级重点保护野生动物两种，并对其保护措施做出相关规定，被列为国家重点保护野生动物名录的物种将受到严格的法律保护。

(2)陕西省重点保护陆生野生动物

为明确陕西省珍贵、濒危野生动物种类，切实做好野生动物的保护和管理工作，根据《中华人民共和国野生动物保护法》的规定，陕西省政府和陕西省林业厅(现为陕西省林业和草原局)制定了《陕西省重点保护陆生野生动物名录》(陕政发〔2001〕49号)。

(3)IUCN物种红色名录

《世界自然保护联盟濒危物种红色名录》(《IUCN物种红色名录》)于1963年开始编制，是全球动植物物种保护现状最全面的名录，也被认为是生物多样性状况最具权威的指标。IUCN红色名录是根据严格准则去评估数以千计物种及亚种的绝种风险所编制而成的。准则是根据物种及地区厘定，旨在向公众及决策者反映保育工作的迫切性，并协助国际社会避免物种灭绝。

(4)中国脊椎动物红色名录

中国是世界上生物多样性最丰富的国家之一，为了对野生动物濒危状况进行客观的科学评估，制定了《中国物种红色名录》。物种现状评估和红色名录制订是生物多样性保护的一项基本任务，是确定保护优先项目，制订保护法规和保护物种名录、保护规划，建立自然保护区，申报世界遗产，开展科学研究和普及教育，培养专业人员，履行生物多样性公约、濒危物种公约、世界遗产公约、湿地公约等多项国际条约等的重要依据。本研究采用了环境保护部2015年发布的《中国生物多样性红色名录——脊椎动物卷》，即蒋志刚等(2016)发表的《中国脊椎动物红色名录》。

(5)CITES附录

濒危野生动植物种国际贸易公约(CITES，又称华盛顿公约)的精神在于管制而非完全禁止野生物种的国际贸易，其用物种分级与许可证的方式，以达成野生物种市场的永续利用性。该公约管制国际贸易的物种，可归类成三项附录：附录I的物种为若再进行国际贸易会导致灭绝的动植物，明确规定禁止其国际性的交易；附录II的物种则为目前无灭绝危机，管制其国际贸易的物种，若仍面临贸易压力，种群数量继续降低，则将其升级入附录Ⅰ；附录Ⅲ是各国视其国内需要，区域性管制国际贸易的物种。

关于陕西青木川国家级自然保护区分布的"国家重点保护野生动物"和"陕西省重点保护陆生野生动物"，在前面各个类群章节中已进行论述。本章梳理了陕西青木川国家级自然保护区各个动物类群中被《IUCN 物种红色名录》《中国脊椎动物红色名录》和《CITES 附录》等收录的物种情况。发现保护区的脊椎动物中被 IUCN 列为受威胁的物种有 24 种，中国脊椎动物红色名录列为受威胁的物种共有 61 种，被列入《CITE 附录》中的物种共有 32 种（表12.1）。

从各个类群来看，哺乳类被列为 IUCN 受威胁种类最多（12 种），其次是两栖类（6 种）、鸟类（4 种）、爬行类最少（2 种）（表 12.1）。被《中国脊椎动物红色名录》列为受威胁的物种中哺乳类最多（27 种），其次是鸟类（18 种），爬行类（9 种）和两栖类（7 种）较少（表 12.1）。在被列入《CITES 附录》的物种中，鸟类（19 种）最多，其次是哺乳类（11 种），爬行类（1 种）和两栖类（1 种）最少（表 12.1）。

表 12.1 **陕西青木川国家级自然保护区脊椎动物被《IUCN 物种红色名录》**
《中国脊椎动物红色名录》和《CITES 附录》收录情况

动物类群	IUCN 濒危等级				《中国脊椎动物红色名录》				《CITES 附录》		
	CR	EN	VU	NT	CR	EN	VU	NT	Ⅰ	Ⅱ	Ⅲ
两栖类	1	2	2	1	1	1	3	2	1		
爬行类		1	1			4	3	2			1
鸟类	1		1	2		1	3	14		19	
哺乳类		2	6	4	2	3	12	10	5	6	
合计	2	5	10	7	3	9	21	28	6	25	1
	24				61				32		

12.1 鱼 类

陕西青木川国家级自然保护区鱼类中被 IUCN 列为受威胁的物种有 2 种，包括被列为易危（VU）的鲤（*Cyprinus carpio*）和被列为近危（NT）的鲢（*Hypophthalmichthys molitrix*），其他物种则为无危（LC）或数据缺乏（DD）（表 12.2）。保护区的鱼类多被《中国脊椎动物红色名录》列为无危（LC）（表 12.2）。另外，陕西青木川国家级自然保护区鱼类中没有被《CITES 附录》收录的物种。

12.2 两栖类

陕西青木川国家级自然保护区两栖类中被 IUCN 列为受威胁的物种有 6 种，其中，大鲵（*Andrias davidianus*）被列为极危（CR），川北齿蟾（*Oreolalax chuanbeiensis*）和棘腹蛙（*Paa boulengeri*）被列为濒危（EN），山溪鲵（*Batrachuperus pinchonii*）和西藏山溪鲵（*Batrachuperus tibet-*

anus)被列为易危（VU），黑斑侧褶蛙（*Pelophylax nigromaculatus*）被列为近危（NT）（表12.3）。

类似的，《中国脊椎动物红色名录》把大鲵（*Andrias davidianus*）列为极危（CR），把川北齿蟾（*Oreolalax chuanbeiensis*）列为濒危（EN），把山溪鲵（*Batrachuperus pinchonii*）、西藏山溪鲵（*Batrachuperus tibetanus*）和棘腹蛙（*Paa boulengeri*）列为易危（VU），而黑斑侧褶蛙（*Pelophylax nigromaculatus*）和隆肛蛙（*Rana quadranus*）被列为近危（NT）（表12.3）。

另外，大鲵（*Andrias davidianus*）被《CITES 附录》列入附录 I（表12.3）。

表 12.2 陕西青木川国家级自然保护区鱼类被《IUCN 物种红色名录》及《中国脊椎动物红色名录》收录情况

目	科	种	IUCN 濒危等级	《中国脊椎动物红色名录》
鲤形目 Cypriniformes	鲤科 Cyprinidae	鲤 *Cyprinus carpio*	VU	LC
		鲫 *Carassius auratus*	LC	LC
		鳙 *Aristichthys nobilis*	DD	LC
		鲢 *Hypophthalmichthys molitrix*	NT	LC
		拉氏鱥 *Phoxinus lagowskii*	–	LC
		草鱼 *Ctenopharyngodon idellus*	–	LC
		宽鳍鱲 *Zacco platypus*	–	LC
		马口鱼 *Opsariichthys bidens*	LC	LC
		鳌 *Hemiculter leucisculus*	LC	LC
		大鳍鱊 *Acheilognathus macropterus*	DD	LC
		高体鳑鲏 *Rhodeus ocellatus*	DD	LC
		花䱻 *Hemibarbus maculatus*	–	LC
		唇䱻 *Hemibarbus labeo*	–	LC
		麦穗鱼 *Pseudorasbora parva*	LC	LC
		点纹银鮈 *Squalidus wolterstorffi*	LC	LC
		中间银鮈 *Squalidus intermedius*	DD	DD
		短须颌须鮈 *Gnathopogon imberbis*	DD	DD
		棒花鱼 *Abbottina rivularis*	–	LC
		黑鳍鳈 *Sarcocheilichthys nigripinnis*	–	LC
	鳅科 Cobitidae	大斑花鳅 *Cobitis macrostigma*		LC
		中华花鳅 *Cobitis sinensis*	LC	LC
		泥鳅 *Misgurnus anguillicaudatus*	LC	LC
		短体副鳅 *Paracobitis potanini*	–	–
		红尾副鳅 *Paracobitis variegates*	–	–
		贝氏高原鳅 *Triplophysa bleekeri*	–	LC

（续）

目	科	种	IUCN 濒危等级	《中国脊椎动物红色名录》
鲇形目 Siluriformes	鲇科 Siluridae	鲇 *Silurus asotus*	LC	LC
	鲿科 Bagridae	黄颡鱼 *Pelteobagrus fulvidraco*	–	LC
		长吻鮠 *Leiocassis longgirastris*	–	LC
鲈形目 Perciformes	虾虎鱼科 Gobiidae	子陵吻虾虎鱼 *Rhinogobius giurinus*	LC	LC
合鳃目 Synbranchiformes	合鳃科 Synbranchidae	黄鳝 *Monopterus albus*	LC	LC

表 12.3　陕西青木川国家级自然保护区两栖类被《IUCN 物种红色名录》《中国脊椎动物红色名录》和《CITES 附录》收录情况

目	科	中文名称	拉丁学名	IUCN 濒危等级	《中国脊椎动物红色名录》	《CITES 附录》
有尾目	小鲵科	山溪鲵	*Batrachuperus pinchonii*	VU	VU	
		西藏山溪鲵	*Batrachuperus tibetanus*	VU	VU	
	隐鳃鲵科	大鲵	*Andrias davidianus*	CR	CR	I
无尾目	锄足蟾科	川北齿蟾	*Oreolalax chuanbeiensis*	EN	EN	
	蟾蜍科	中华蟾蜍	*Bufo gargarizans*	LC	LC	
	雨蛙科	秦岭雨蛙	*Hyla tsinlingensis*	LC	LC	
	蛙科	中国林蛙	*Rana chensinensis*	LC	LC	
		黑斑侧褶蛙	*Pelophylax nigromaculatus*	NT	NT	
		花臭蛙	*Odorrana schmackeri*	LC	LC	
		大绿臭蛙	*Odorrana graminea*	DD	LC	
		棘腹蛙	*Paa boulengeri*	EN	VU	
		崇安湍蛙	*Amolops chunganensis*	LC	LC	
		泽陆蛙	*Fejervarya multistriata*	DD	LC	
		隆肛蛙	*Rana quadranus*	–	NT	
	树蛙科	斑腿泛树蛙	*Polypedates megacephalus*	LC	LC	
	姬蛙科	饰纹姬蛙	*Microhyla fissipes*	LC	LC	
		合征姬蛙	*Microhyla mixtura*	LC	LC	

12.3　爬行类

陕西青木川国家级自然保护区的爬行类中，被 IUCN 列为受威胁的物种只有 2 种，其中，乌龟（*Mauremys reevesii*）被列为濒危（EN），中华鳖（*Pelodiscus sinensis*）被列为易危（VU）（表 12.4）。

在《中国脊椎动物红色名录》中，乌龟（*Mauremys reevesii*）、中华鳖（*Pelodiscus sinensis*）、王锦蛇（*Elaphe carinata*）和黑眉晨蛇（*Orthriophis taeniurus*）被列为濒危（EN），玉斑锦蛇

（*Elaphe mandarinus*）、乌梢蛇（*Ptyas dhumnades*）和中华珊瑚蛇（*Sinomicrurus macclellandi*）被列为易危（VU），而峨眉草蜥（*Takydromus intermedius*）和短尾蝮（*Gloydius brevicaudus*）被列为近危（NT）（表12.4）。

另外，乌龟（*Mauremys reevesii*）被《CITES 附录》列入附录 III（表12.4）。

表 12.4 陕西青木川国家级自然保护区爬行类被《IUCN 物种红色名录》
《中国脊椎动物红色名录》和《CITES 附录》收录情况

目	科	中文名	拉丁学名	IUCN 濒危等级	《中国脊椎动物红色名录》	《CITES 附录》
龟鳖目	淡水龟科	乌龟	*Mauremys reevesii*	EN	EN	III
	鳖科	中华鳖	*Pelodiscus sinensis*	VU	EN	
蜥蜴目	壁虎科	多疣壁虎	*Gekko japonicus*	LC	LC	
	蜥蜴科	北草蜥	*Takydromus septentrionalis*	LC	LC	
		峨眉草蜥	*Takydromus intermedius*	LC	NT	
	石龙子科	蓝尾石龙子	*Plestiodon elegans*	LC	LC	
		黄纹石龙子	*Plestiodon capito*	LC	LC	
		石龙子	*Plestiodon chinensis*	LC	LC	
		铜蜓蜥	*Sphenomorphus indicus*	–	LC	
	鬣蜥科	米仓山攀蜥	*Japalura micangshanensis*	LC	LC	
		丽纹攀蜥	*Japalura splendida*	–	LC	
蛇目	游蛇科	赤链蛇	*Lycodon rufozonatum*	LC	LC	
		王锦蛇	*Elaphe carinata*	–	EN	
		玉斑锦蛇	*Elaphe mandarinus*	–	VU	
		黑眉晨蛇	*Orthriophis taeniurus*	–	EN	
		翠青蛇	*Cyclophiops major*	LC	LC	
		虎斑颈槽蛇	*Rhabdophis tigrinus*	–	LC	
		乌梢蛇	*Ptyas dhumnades*	–	VU	
		锈链腹链蛇	*Hebius craspedogaster*	LC	LC	
		斜鳞蛇	*Pseudoxenodon macrops*	LC	LC	
	蝰科	短尾蝮	*Gloydius brevicaudus*	–	NT	
		原矛头蝮	*Protobothrops mucrosquamatus*	LC	LC	
		菜花原矛头蝮	*Protobothrops jerdonii*	LC	LC	
	眼镜蛇科	中华珊瑚蛇	*Sinomicrurus macclellandi*	–	VU	

12.4 鸟 类

陕西青木川国家级自然保护区鸟类中被 IUCN 列为受威胁的物种只有 4 种，其中，黄胸鹀（*Emberiza aureola*）被列为极危（CR），海南柳莺（*Phylloscopus hainanus*）被列为易危（VU），白眼潜鸭(*Aythya nyroca*)和大噪鹛(*Babax waddelli*)被列为近危(NT)(表12.5)。

然而，保护区鸟类中被国脊椎动物红色名录列为受威胁的种类多达18种。其中，黄胸鹀(*Emberiza aureola*)被列为濒危(EN)，大𫛭(*Buteo hemilasius*)、金雕(*Aquila chrysaetos*)和鬼鸮(*Aegolius funereus*)被列为易危(VU)，鹊鹞(*Circus melanoleucos*)等其他14种被列为近危(NT)(表12.5)

另外，被列入《CITES附录》的鸟类有19种，并且都是被列入附录II(表12.5)。

**表12.5 陕西青木川国家级自然保护区鸟类被《IUCN物种红色名录》
《中国脊椎动物红色名录》和《CITES附录》收录情况**

目	科/亚科	中文名	拉丁学名	IUCN濒危等级	《中国脊椎动物红色名录》	《CITES附录》
鹈形目	鸬鹚科	普通鸬鹚	*Phalacrocorax carbo*	LC	LC	
鹳形目	鹭科	中白鹭	*Egretta intermedia*	–	LC	
		白鹭	*Egretta garzetta*	LC	LC	
		苍鹭	*Ardea cinerea*	LC	LC	
		牛背鹭	*Bubulcus ibis*	LC	LC	
		夜鹭	*Nycticorax nycticorax*	LC	LC	
		黑苇鳽	*Dupetor flavicollis*	LC	LC	
鹳形目	秧鸡科	白胸苦恶鸟	*Amaurornis phoenicurus*	LC	LC	
雁形目	鸭科	琵嘴鸭	*Anas clypeata*	LC	LC	
		绿头鸭	*Anas platyrhynchos*	LC	LC	
		白眼潜鸭	*Aythya nyroca*	NT	LC	
䴙䴘目	䴙䴘科	小䴙䴘	*Podiceps ruficollis*	–	LC	
		凤头䴙䴘	*Podiceps cristatus*	LC	LC	
鸥形目	鸥科	红嘴鸥	*Larus ridibundus*	LC	LC	
鸻形目	鸻科	金眶鸻	*Charadrius dubius*	LC	LC	
	反嘴鹬科	反嘴鹬	*Recurvirostra avosetta*	LC	LC	
	鹬科	白腰草鹬	*Tringa ochropus*	LC	LC	
隼形目	鹰科	黑耳鸢	*Milvus migrans*	LC	LC	II
		鹊鹞	*Circus melanoleucos*	LC	NT	II
		白尾鹞	*Circus cyaneus*	LC	NT	II
		大𫛭	*Buteo hemilasius*	LC	VU	II
		普通𫛭	*Buteo buteo*	LC	LC	II
		棕尾𫛭	*Buteo rufinus*	LC	NT	II
		雀鹰	*Accipiter nisus*	LC	LC	II
		松雀鹰	*Accipiter virgatus*	LC	LC	II
		金雕	*Aquila chrysaetos*	LC	VU	II
	隼科	燕隼	*Falco subbuteo*	LC	LC	II

（续）

目	科/亚科	中文名	拉丁学名	IUCN 濒危等级	《中国脊椎动物红色名录》	《CITES 附录》
鸮形目	鸱鸮科	鬼鸮	*Aegolius funereus*	LC	VU	II
		纵纹腹小鸮	*Athene noctua*	LC	LC	II
		斑头鸺鹠	*Glaucidium cuculoides*	LC	LC	II
		鹰鸮	*Ninox scutulata*	LC	NT	II
		长耳鸮	*Asio otus*	LC	LC	II
		灰林鸮	*Strix aluco*	LC	NT	II
		东方角鸮	*Otus sunia*	LC	LC	II
鸡形目	雉科	红腹锦鸡	*Chrysolophus pictus*	LC	NT	
		红腹角雉	*Tragopan temminckii*	LC	NT	
		勺鸡	*Pucrasia macrolopha*	LC	LC	
		环颈雉	*Phasianus colchicus*	LC	LC	
		灰胸竹鸡	*Bambusicola thoracicus*	LC	LC	
鸽形目	鸠鸽科	岩鸽	*Columba rupestris*	LC	LC	
		山斑鸠	*Streptopelia orientalis*	LC	LC	
		火斑鸠	*Streptopelia tranquebarica*	LC	LC	
鹃形目	杜鹃科	鹰鹃	*Hierococcyx sparverioides*	LC	LC	
		大杜鹃	*Cuculus canorus*	LC	LC	
		中杜鹃	*Cuculus saturatus*	LC	LC	
		四声杜鹃	*Cuculus micropterus*	LC	LC	
		噪鹃	*Eudynamys scolopacea*	LC	LC	
雨燕目	雨燕科	普通楼燕	*Apus apus*	LC	LC	
		白腰雨燕	*Apus pacificus*	LC	LC	
佛法僧目	翠鸟科	普通翠鸟	*Alcedo atthis*	LC	LC	
		冠鱼狗	*Ceryle lugubris*	–	LC	
	佛法僧科	三宝鸟	*Eurystomus orientalis*	LC	LC	
	戴胜科	戴胜	*Upupa epops*	LC	LC	
䴕形目	啄木鸟科	灰头绿啄木鸟	*Picus canus*	LC	LC	
		黄颈啄木鸟	*Dendrocopos darjellensis*	LC	LC	
		大斑啄木鸟	*Dendrocopos major*	LC	LC	
		星头啄木鸟	*Dendrocopos canicapillus*	LC	LC	
		大拟啄木鸟	*Megalaima virens*	LC	LC	
雀形目	百灵科	凤头百灵	*Galerida cristata*	LC	LC	
		云雀	*Alauda arvensis*	LC	LC	
		小云雀	*Alauda gulgula*	LC	LC	

（续）

目	科/亚科	中文名	拉丁学名	IUCN 濒危等级	《中国脊椎动物红色名录》	《CITES 附录》
雀形目	燕科	家燕	*Hirundo rustica*	LC	LC	
		金腰燕	*Cecropis daurica*	LC	LC	
	鹡鸰科	白鹡鸰	*Motacilla alba*	LC	LC	
		黄头鹡鸰	*Motacilla citreola*	LC	LC	
		灰鹡鸰	*Motacilla cinerea*	LC	LC	
		黄鹡鸰	*Motacilla flava*	LC	LC	
		山鹡鸰	*Dendronanthus indicus*	LC	LC	
		粉红胸鹨	*Anthus roseatus*	LC	LC	
		红喉鹨	*Anthus cervinus*	LC	LC	
		树鹨	*Anthus hodgsoni*	LC	LC	
		水鹨	*Anthus spinoletta*	LC	LC	
	山椒鸟科	暗灰鹃鵙	*Coracina melaschistos*	LC	LC	
		长尾山椒鸟	*Pericrocotus ethologus*	LC	LC	
	鹎科	领雀嘴鹎	*Spizixos semitorques*	LC	LC	
		黄臀鹎	*Pycnonotus xanthorrhous*	LC	LC	
		白头鹎	*Pycnonotus sinensis*	LC	LC	
		绿翅短脚鹎	*Hypsipetes mcclellandii*	LC	LC	
	伯劳科	红尾伯劳	*Lanius cristatus*	LC	LC	
		灰背伯劳	*Lanius tephronotus*	LC	LC	
	卷尾科	黑卷尾	*Dicrurus macrocercus*	LC	LC	
		灰卷尾	*Dicrurus leucophaeus*	LC	LC	
		发冠卷尾	*Dicrurus hottentottus*	LC	LC	
	椋鸟科	八哥	*Acridotheres cristatellus*	LC	LC	
		灰椋鸟	*Sturnus cineraceus*	LC	LC	
		丝光椋鸟	*Sturnus sericeus*	LC	LC	
	鸦科	大嘴乌鸦	*Corvus macrorhynchos*	LC	LC	
		小嘴乌鸦	*Corvus corone*	LC	LC	
		秃鼻乌鸦	*Corvus frugilegus*	LC	LC	
		红嘴山鸦	*Pyrrhocorax pyrrhocorax*	LC	LC	
		达乌里寒鸦	*Corvus dauuricus*	LC	LC	
		松鸦	*Garrulus glandarius*	LC	LC	
		星鸦	*Nucifraga caryocatactes*	LC	LC	
		喜鹊	*Pica pica*	LC	LC	
		红嘴蓝鹊	*Urocissa erythrorhyncha*	–	LC	

（续）

目	科/亚科	中文名	拉丁学名	IUCN 濒危等级	《中国脊椎动物 红色名录》	《CITES 附录》
雀形目	河乌科	褐河乌	*Cinclus pallasii*	LC	LC	
	鸫亚科	乌鸫	*Turdus merula*	LC	LC	
		蓝短翅鸫	*Brachypteryx montana*	LC	LC	
		蓝矶鸫	*Monticola solitarius*	LC	LC	
		紫啸鸫	*Myophonus caeruleus*	LC	LC	
		虎斑地鸫	*Zoothera dauma*	LC	LC	
		灰翅鸫	*Turdus boulboul*	LC	LC	
		灰头鸫	*Turdus rubrocanus*	LC	LC	
		怀氏虎鸫	*Zoothera aurea*	LC	–	
		小燕尾	*Enicurus scouleri*	LC	LC	
		白冠燕尾	*Enicurus leschenaulti*	LC	–	
		灰林䳭	*Saxicola ferrea*	LC	LC	
		黑喉石䳭	*Saxicola torquata*	LC	LC	
		黑白林䳭	*Saxicola jerdoni*	LC	LC	
		红尾水鸲	*Rhyacornis fuliginosus*	LC	LC	
		北红尾鸲	*Phoenicurus auroreus*	LC	LC	
		赭红尾鸲	*Phoenicurus ochruros*	LC	LC	
		红胁蓝尾鸲	*Tarsiger cyanurus*	LC	LC	
		白喉红尾鸲	*Phoenicurus schisticeps*	LC	LC	
		白顶溪鸲	*Chaimarrornis leucocephalus*	LC	LC	
		蓝歌鸲	*Luscinia cyane*	LC	LC	
		鹊鸲	*Copsychus saularis*	LC	LC	
	鹟亚科	棕腹仙鹟	*Niltava sundara*	LC	LC	
		蓝喉仙鹟	*Cyornis rubeculoides*	LC	LC	
		棕胸蓝鹟	*Ficedula hyperythra*	LC	LC	
		方尾鹟	*Culicicapa ceylonensis*	IUC	LC	
		锈胸蓝（姬）鹟	*Ficedula erithacus*	LC	LC	
	画眉亚科	画眉	*Garrulax canorus*	LC	NT	II
		大噪鹛	*Babax waddelli*	NT	NT	
		橙翅噪鹛	*Garrulax elliotii*	LC	LC	
		灰翅噪鹛	*Garrulax cineraceus*	LC	LC	
		白喉噪鹛	*Garrulax albogularis*	LC	LC	
		白颊噪鹛	*Garrulax sannio*	LC	LC	
		黑脸噪鹛	*Garrulax perspicillatus*	LC	LC	

（续）

目	科/亚科	中文名	拉丁学名	IUCN濒危等级	《中国脊椎动物红色名录》	《CITES附录》
		眼纹噪鹛	*Garrulax ocellatus*	LC	NT	
		黑领噪鹛	*Garrulax pectoralis*	LC	LC	
		小黑领噪鹛	*Garrulax monileger*	LC	LC	
		灰眶雀鹛	*Alcippe morrisonia*	LC	LC	
		金胸雀鹛	*Alcippe chrysotis*	LC	LC	
		棕头雀鹛	*Alcippe ruficapilla*	LC	LC	
		褐头雀鹛	*Alcippe cinereiceps*	LC	LC	
		棕颈钩嘴鹛	*Pomatorhinus ruficollis*	LC	LC	
	画眉亚科	斑胸钩嘴鹛	*Pomatorhinus erythrocnemis*	LC	LC	
		纹喉凤鹛	*Yuhina gularis*	LC	LC	
		栗耳凤鹛	*Yuhina castaniceps*	LC	LC	
		白颈凤鹛	*Yuhina bakeri*	LC	LC	
		白领凤鹛	*Yuhina diademata*	LC	LC	
		小鳞胸鹪鹛	*Pnoepyga pusilla*	LC	LC	
		红嘴相思鸟	*Leiothrix lutea*	LC	LC	II
		淡绿鸡鹛	*Pteruthius xanthochlorus*	LC	NT	
雀形目		红翅鸡鹛	*Pteruthius flaviscapis*	LC	LC	
		棕腹柳莺	*Phylloscopus subaffinis*	LC	LC	
		黄腰柳莺	*Phylloscopus proregulus*	LC	LC	
		暗绿柳莺	*Phylloscopus trochiloides*	LC	LC	
		黄腹柳莺	*Phylloscopus affinis*	LC	LC	
		橙斑翅柳莺	*Phylloscopus pulcher*	LC	LC	
	莺亚科	海南柳莺	*Phylloscopus hainanus*	VU	LC	
		棕扇尾莺	*Cisticola juncidis*	LC	LC	
		黄腹鹟莺	*Abroscopus superciliaris*	LC	LC	
		栗头地莺	*Tesia castaneocoronata*	IUCN	LC	
		强脚树莺	*Horornis fortipes*	LC	LC	
		异色树莺	*Horornis flavolivaceus*	LC	LC	
	鸦雀科	棕头鸦雀	*Paradoxornis webbianus*	LC	LC	
		大山雀	*Parus major*	LC	LC	
		煤山雀	*Parus ater*	LC	LC	
	山雀科	黄腹山雀	*Parus venustulus*	LC	LC	
		北褐头山雀	*Parus montanus*	–	LC	
		绿背山雀	*Parus monticolus*	LC	LC	

（续）

目	科/亚科	中文名	拉丁学名	IUCN 濒危等级	《中国脊椎动物红色名录》	《CITES 附录》
	山雀科	沼泽山雀	*Parus palustris*	LC	LC	
		红头长尾山雀	*Aegithalos concinnus*	LC	LC	
		银喉长尾山雀	*Aegithalos caudatus*	LC	LC	
		黑眉长尾山雀	*Aegithalos bonvaloti*	LC	LC	
		银脸长尾山雀	*Aegithalos fuliginosus*	LC	LC	
	攀雀科	火冠雀	*Cephalopyrus flammiceps*	LC	LC	
	鸭科	普通鸭	*Sitta europaea*	LC	LC	
		白脸鸭	*Sitta leucopsis*	LC	NT	
		白尾鸭	*Sitta himalayensis*	LC	NT	
		栗腹鸭	*Sitta castanea*	LC	LC	
		红翅旋壁雀	*Tichodroma muraria*	LC	LC	
	旋木雀科	锈红腹旋木雀	*Certhia nipalensis*	LC	LC	
		高山旋木雀	*Certhia himalayana*	LC	LC	
	绣眼鸟科	暗绿绣眼鸟	*Zosterops japonicus*	LC	LC	
	鹪鹩科	鹪鹩	*Troglodytes troglodytes*	LC	LC	
	文鸟科	树麻雀	*Passer montanus*	LC	LC	
		山麻雀	*Passer rutilans*	–	LC	
雀形目	雀科	普通朱雀	*Carpodacus erythrinus*	LC	LC	
		酒红朱雀	*Carpodacus vinaceus*	LC	LC	
		白眉朱雀	*Carpodacus thura*	LC	LC	
		斑翅朱雀	*Carpodacus trifasciatus*	LC	LC	
		金翅雀	*Carduelis sinica*	LC	LC	
		灰头灰雀	*Pyrrhula erythaca*	LC	LC	
		黄喉鹀	*Emberiza elegans*	LC	LC	
		黄胸鹀	*Emberiza aureola*	CR	EN	
		灰头鹀	*Emberiza spodocephala*	LC	LC	
		白眉鹀	*Emberiza tristrami*	LC	NT	
		三道眉草鹀	*Emberiza cioides*	LC	LC	
		小鹀	*Emberiza pusilla*	LC	LC	
		芦鹀	*Emberiza schoeniclus*	LC	LC	
		蓝鹀	*Latoucheornis siemsseni*	LC	LC	
		戈氏岩鹀	*Emberiza godlewskii*	LC	LC	

12.5　哺乳类

陕西青木川国家级自然保护区哺乳动物中共有 12 种哺乳类被列入《IUCN 物种红色名录》的受威胁物种，其中，川金丝猴（*Rhinopithecus roxellanae*）和林麝（*Moschus berezovskii*）被列为濒危（EN），黑熊（*Ursus thibetanus*）等 6 种被列为易危（VU），金猫（*Pardofelis temminckii*）等 4 种被列为近危（NT）（表 12.6）。

保护区有 27 种哺乳动物被《中国脊椎动物红色名录》列为受威胁种类（表 12.6）。其中，金猫（*Pardofelis temminckii*）和林麝（*Moschus berezovskii*）被列为极危（CR），滇攀鼠（*Vernaya fulva*）、石貂（*Martes foina*）和豹（*Panthera pardus*）被列为濒危（EN）。复齿鼯鼠（*Trogopterus xanthipes*）等 12 种被列为易危（VU），灰伏翼（*Hypsugo pulveratus*）等 10 种被列为近危（NT）（表 12.6）。

另外，保护区内分布的哺乳动物有 11 种被《CITES 附录》收录，其中，黑熊（*Ursus thibetanus*）等 5 种被附录 I 收录，川金丝猴（*Rhinopithecus roxellanae*）等 6 种被附录 II 收录（表 12.6）。

表 12.6　陕西青木川国家级自然保护区哺乳类被《IUCN 物种红色名录》
《中国脊椎动物红色名录》和《CITES 附录》收录情况

目	科	种	IUCN 濒危等级	《中国脊椎动物红色名录》	《CITES 附录》
食虫目	猬科	东北刺猬 *Erinaceus amurensis*	LC	LC	
	鼩鼱科	北小麝鼩 *Crocidura suaveolens*	LC		
		灰麝鼩 *Crocidura attenuata*	LC	LC	
		普通鼩鼱 *Sorex araneus*	LC		
		小纹鼩鼱 *Sorex bedfordiae*	LC	LC	
	鼹科	长吻鼹 *Euroscaptor longirostris*	LC	LC	
		鼩鼹 *Uropsilus soricipes*	LC	LC	
翼手目	蝙蝠科	白腹管鼻蝠 *Murina leucogaster*	LC	LC	
		东亚伏翼 *Pipistrellus abramus*	LC	LC	
		灰伏翼 *Hypsugo pulveratus*	LC	NT	
		双色蝙蝠 *Vespertilio murinus*	LC	LC	
		大耳蝠 *Plecotus auritus*	LC	LC	
		须鼠耳蝠 *Myotis mystacinus*	LC		
		大棕蝠 *Eptesicus serotinus*	LC	LC	
	菊头蝠科	马铁菊头蝠 *Rhinolophus ferrumequinum*	LC	LC	
啮齿目	松鼠科	赤腹松鼠 *Callosciurus erythraeus*	LC	LC	
		隐纹花松鼠 *Tamiops swinhoei*	LC	LC	
		珀氏长吻松鼠 *Dremomys pernyi*	LC	LC	

（续）

目	科	种	IUCN濒危等级	《中国脊椎动物红色名录》	《CITES附录》
啮齿目	松鼠科	岩松鼠 *Sciurotamias davidianus*	LC	LC	
		北花松鼠 *Tamias sibiricus*	LC	LC	
	鼯鼠科	复齿鼯鼠 *Trogopterus xanthipes*	NT	VU	
		红白鼯鼠 *Petaurista alborufus*	LC	LC	
		白斑小鼯鼠 *Petaurista elegans*	LC	LC	
	仓鼠科	大仓鼠 *Tscherskia triton*	LC	LC	
		甘肃仓鼠 *Cansumys canus*	LC	LC	
		黑腹绒鼠 *Eothenomys melanogaster*	LC	LC	
		洮州绒鼠 *Caryomys eva*	LC	LC	
		苛岚绒鼠 *Caryomys inez*	LC	LC	
	竹鼠科	中华竹鼠 *Rhizomys sinensis*	LC	LC	
	猪尾鼠科	猪尾鼠 *Typhlomys cinereus*	LC	LC	
	鼠科	滇攀鼠 *Vernaya fulva*	LC	EN	
		小家鼠 *Mus musculus*	LC	LC	
		巢鼠 *Micromys minutus*	LC	LC	
		中华姬鼠 *Apodemus draco*	LC	LC	
		大林姬鼠 *Apodemus peninsulae*	LC	LC	
		黑线姬鼠 *Apodemus agrarius*	LC	LC	
		齐氏姬鼠 *Apodemus chevrieri*	LC	LC	
		黄胸鼠 *Rattus tanezumi*	LC	LC	
		褐家鼠 *Rattus norvegicus*	LC	LC	
		大足鼠 *Rattus nitidus*	LC	LC	
		针毛鼠 *Niviventer fulvescens*	LC	LC	
		社鼠 *Niviventer confucianus*	LC	LC	
		台湾白腹鼠 *Niviventer coninga*	LC	LC	
	林跳鼠科	林跳鼠 *Zapus setchuanus*	–	LC	
		中国蹶鼠 *Sicista concolor*	LC	LC	
	豪猪科	中国豪猪 *Hystrix hodgsoni*	–	LC	
兔形目	兔科	蒙古兔 *Lepus tolai*	LC	LC	
灵长目	猴科	猕猴 *Macaca mulatta*	LC	LC	II
		川金丝猴 *Rhinopithecus roxellanae*	EN	VU	II
食肉目	犬科	狼 *Canis lupus*	LC	NT	II
		貉 *Nyctereutes procyonoides*	LC	NT	
	熊科	黑熊 *Ursus thibetanus*	VU	VU	I

（续）

目	科	种	IUCN 濒危等级	《中国脊椎动物红色名录》	《CITES 附录》
食肉目	大熊猫科	大熊猫 *Ailuropoda melanoleuca*	VU	VU	
	鼬科	黄喉貂 *Martes flavigula*	LC	NT	
		黄腹鼬 *Mustela kathiah*	LC	NT	
		黄鼬 *Mustela sibirica*	LC	LC	
		鼬獾 *Melogale moschata*	LC	NT	
		猪獾 *Arctonyx collaris*	VU	NT	
		亚洲狗獾 *Meles leucurus*	LC	NT	
		石貂 *Martes foina*	LC	EN	
	灵猫科	果子狸 *Paguma larvata*	LC	NT	
		小灵猫 *Viverricula indica*	LC	VU	
		大灵猫 *Viverra zibetha*	LC	VU	
	猫科	金猫 *Pardofelis temminckii*	NT	CR	I
		豹猫 *Prionailurus bengalensis*	LC	VU	II
		豹 *Panthera pardus*	VU	EN	I
偶蹄目	猪科	野猪 *Sus scrofa*	LC	LC	
	麝科	林麝 *Moschus berezovskii*	EN	CR	II
	鹿科	小麂 *Muntiacus reevesi*	LC	VU	
		赤麂 *Muntiacus vaginalis*	LC	NT	
		毛冠鹿 *Elaphodus cephalophus*	NT	VU	
	牛科	中华鬣羚 *Capricornis milneedwardsii*	NT	VU	I
		中华斑羚 *Naemorhedus griseus*	VU	VU	I
		羚牛 *Budorcas taxicolor tibetana*	VU	VU	II

第13章

保护成效评估

陕西青木川国家级自然保护区(原陕西省马家山自然保护区)于2002年正式建立，2005年更名为青木川自然保护区，2009年批准为"陕西青木川国家级自然保护区"。自建立以来，青木川自然保护区采取了有力的保护管理措施，包括保护区边界的勘验、日常巡查和管护、森林防火、核心区与缓冲区居民外迁、栖息地恢复工程、保护区生物多样性调查研究等众多举措，经过16年的保护，在野生动物多样性和栖息地保护等方面都取得了显著的效果。

13.1 野生动物多样性保护成效

在野生动物多样性方面，与保护区建立初期相比，总物种数增加了84种，其中，鱼类增加了1目2科12属16种，两栖类增加了1种，爬行类增加了2属4种。鸟类增加最多，为3目7科28属55种(表13.1)。在这些新记录的物种中，许多是由于调查技术改进(如红外相机陷阱的使用)和调查强度增加(在不同季节进行了3次调查，红外相机连续监测12个月)等导致以前未发现的物种被发现了。另一个原因则可能是整个保护区人类干扰降低、栖息地大面积恢复，导致更多野生动物种类(尤其是鸟类)出现在保护区内。

从一些物种的种群数量来看，有的有了显著增加(如羚牛)，有的则基本形成了稳定的种群(如金丝猴和猕猴)。这些成效一方面反映了陕西青木川国家级自然保护区保护工作取得的成果，另一方面说明自然保护区离不开各级管理部门规范的保护管理工作。

表 13.1 陕西青木川国家级自然保护区野生动物名录增加情况　　（单位：个）

动物类群	增加的目	增加的科	增加的属	增加的种
鱼类	1	2	12	16
两栖类	0	0	0	1
爬行类	0	0	2	4
鸟类	3	7	28	55
哺乳类	0	0	4	8
合计	4	8	46	84

13.2 野生动物栖息地保护成效

栖息地是野生动物种群生存和繁衍必需的环境要素，保护动物栖息地是保护区最重要的工作内容，栖息地的保护与恢复有时比直接保护野生动物更为重要。

陕西青木川国家级自然保护区自成立以来，在栖息地恢复方面做了大量工作。其中之一是改变保护区内及保护区周边的土地利用模式。卫星图片影像分析表明，从1988年尚未建立保护区到2001年筹建保护区，再到2018年建立保护区16年后，青木川自然保护区的土地利用模式经历了从农业农田到林业和自然保护的大转变（图13.1，附图12）。在1988年，保护区有约1/3的面积是农耕地，那时在保护区核心区内尚有农户居住和种植农作物。到2001年，基本维持着1988年的情况。在2002年成立了保护区后，至2018年，保护区农业用地大幅减少，核心区的农户全部迁出、农田弃耕并恢复为林地，缓冲区的农耕地也基本改造为林地，实验区青木川镇附近的农田也逐渐转为经济林，社区经营模式从农业转为旅游业。从整个保护区来看，到2018年，农业用地面积占比在5%左右。

13.3 保护区总体保护成效评估

就自然保护区类型的保护区而言，建立保护区的目的是保护野生动植物及其栖息地。因此，开展自然保护区管理有效性评估是评价自然保护区管理状况、评判自然保护区未来规划、提高保护区保护效率的重要途径（杨道德等，2015；王伟等，2016）。然而，在野生动植物类型的保护区方面开展的保护成效评估的案例不多，我们参考了国内仅有的几个案例（晏玉莹等，2014；晏玉莹等，2015，杨道德等，2015；王伟等，2016），对陕西青木川国家级自然保护区的保护成效进行了简单的评估，以期对保护区的保护成果有一个归纳总结。我们对陕西青木川国家级自然保护区建立前后，以及晋升国家级至今，保护区内人类活动和自然干扰因素水平的变化进行了评估（表13.2），然后从保护区的区域完整性、物种多样性、代表性、稀有性和适宜性等5个方面对保护区的保护成效进行赋值评估（表13.3）。

评估结果表明，在建立陕西青木川国家级自然保护区之前，该区域的干扰因素最多，包括来自农林牧渔活动、开发建设、气象灾害、地质灾害、生物灾害和火灾等6大类型干扰中的19种，其中，又以农林牧渔活动和开发建设大类最为广泛，二者的干扰程度约占全部类型干扰的75%（表13.2）。而在建立保护区以后，这种情况才得以改善。在保护区建立初期，尚有农林牧渔活动的部分干扰，但是开发建设的干扰程度明显减低，仅剩下旅游开发一项（表13.2）。在保护区建立后到晋升为国家级保护区前的时间段内，干扰程度较强的类型包括农林牧渔活动、旅游开发、气象和地质灾害等类型，同时环境污染（噪声污染）由于旅游开发而开始出现。在保护区晋升国家级之后，由于之前及随后保护力度的加强，生态移民、禁牧禁猎等强有力的保护措施得以实施，使得保护区内的干扰程度的分布在不同干扰类型间发生较大改变。截至2019年，旅游开发成为了保护内干扰程度最强的干扰因素，占全部干扰类型的60%，而农林牧渔活动的干扰程度下降到仅为5%（表13.2）。从总体来看，陕西青木川国家级自然保护区自建立以来，各种干扰因素影响的总和呈逐年下降趋势，到目前为止已降为"弱"的等级（表13.2），这对保护区内野生动植物及其栖息地的维持与恢复起到了积极的促进作用。

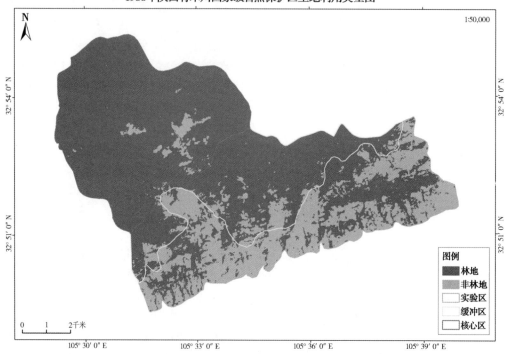

1988年陕西青木川国家级自然保护区土地利用类型图

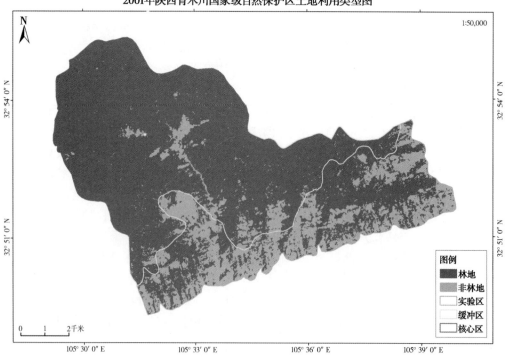

2001年陕西青木川国家级自然保护区土地利用类型图

图 13.1　青木川自然保护区土地利用变化

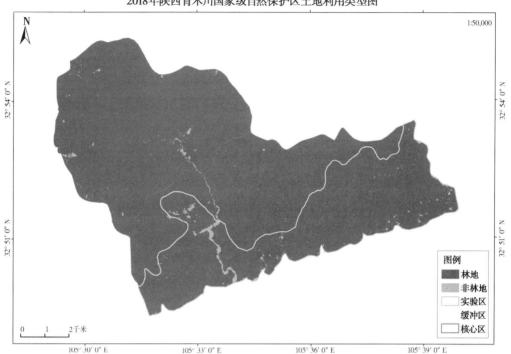

图 13.1　青木川自然保护区土地利用变化（续）

对保护区的区域完整性、物种多样性、代表性、稀有性和适宜性等的赋值评估表明，陕西青木川国家级自然保护区总体得分较高（表 13.3）。具有表现：①在区域完整性方面，保护区采取了生态移民，保护区内社区居民全部迁移出保护区，栖息地面积显著增加，并且随着居民的迁出，农田也不再耕种，林间道路也不再被利用，使得保护区内野生动植物的栖息地破碎度大幅下降；②在物种多样性方面，保护区内物种丰富度变化明显，物种数目显著增加；③从代表性来看，保护区关键物种和珍稀濒危物种种群数量保持稳定或显著增加了；在种群结构稳定性方面，保护区内一些重要保护物种的年龄结构动态稳定在合理的水平；④从稀有性来看，保护区内的国家重点保护物种种群数量变化稳中有增；⑤在适宜性方面，保护区内关键物种的分布区面积保持稳定，食物资源增加，能满足主要保护物种的采食需求。综合以上各属性的评估，陕西青木川国家级自然保护区保护管理到位，保护成效总体得分为 91 分，保护成果显著。

表13.2 陕西青木川国家级自然保护区干扰因素程度变化评价表

时间段	农林牧渔活动		开发建设		环境污染		气象灾害		地质灾害		生物灾害		其他		总干扰
	在总干扰中的占比(%)	干扰指标序号	在总干扰中的占比(%)	干扰指标序号	在总干扰中的占比(%)	干扰指标序号	在总干扰中的占比(%)	干扰指标序号	在总干扰中的占比(%)	干扰指标序号	在总干扰中的占比(%)	干扰指标序号	在总干扰中的占比(%)	干扰指标序号	
2001年以前	50	1, 2, 3, 4, 5, 6, 7	25	1, 2, 3, 5	0		10	2, 3	12	1, 2, 3, 4	2	2	1	1	强
2002—2009年	30	3, 4, 5, 6, 7	20	4	5	4	20	2, 3	25	1, 2, 3, 4	0	0	0		中
2010至今	5	3	60	4	8	3, 4	12	2, 3	15	1, 2, 3, 4	0		0		弱

注：①对影响程度等级状况描述的说明。强表示生境受到严重干扰，植被、湿地等基本消失，野生动物难以栖息繁衍。中表示生境受到干扰，植被、湿地等部分消失，但干扰消失后，植被仍可恢复，野生动物栖息繁衍受到一定程度影响。弱表示生境受到一定程度影响，植被、湿地等基本保持原有状态，对野生动物栖息繁衍有影响。无表示生境没有受到干扰，植被、湿地等保持原有状态，对野生动物栖息繁衍影响不大。

②对干扰指标序号的说明如下。农林牧渔活动：1. 毁林；2. 围湖造田、毁草开垦；3. 采集；4. 林木砍伐；5. 放牧；6. 其他。开发建设：1. 矿山开发；2. 路桥建设（公路、铁路、桥梁、隧道等）；3. 房屋建造；4. 旅游开发；5. 水利建设；6. 其他。环境污染：1. 土壤污染；2. 水污染；3. 大气污染；4. 噪声污染；5. 其他。气象灾害：1. 台风；2. 洪涝；3. 旱灾；4. 寒潮；5. 其他。地质灾害：1. 地震；2. 滑坡；3. 泥石流；4. 崩塌；5. 地面塌陷；6. 其他。生物灾害：1. 病害；2. 虫害；3. 草害；4. 鼠害；5. 外来物种入侵；6. 其他。其他：1. 火灾；2. 其他。

表 13.3　陕西青木川国家级自然保护区保护成效评估表(截至 2019 年)

属性	指标休系项项目	项目情况	保护区情况	得分
1. 区域 完整性	a. 栖息地面积变化(10 分)	栖息地面积基本保持稳定(±3%)或增加(7~10 分)	保护区内的社区居民全部移出,栖息地面积显著增加	9
	b. 栖息地破碎度变化(10 分)	栖息地破碎度保持稳定(±1%)或减少(7~10 分)	栖息地破碎化程度大幅降低	9
2. 物种 多样性	c. 物种丰富度变化(11 分)	物种数目保持稳定(±1%)或增加(8~11 分)	物种数目显著增加	10
3. 物种 代表性	d. 种群数量变化(21 分)	种群数量保持稳定(±3%)或增加(15~21 分)	关键物种种群数量稳定或显著增加	20
	e. 种群结构稳定性(12 分)	主要保护物种年龄结构动态(幼体、亚成体、成体、老年体比率)年龄比率无明显变化(9~12 分)	主要保护物种年龄结构合理	10
4. 物种 稀有性	f. 国家重点保护物种种群数量变化(11 分)	重点保护物种种群数量保持稳定(±3%)或增加(7~11 分)	重点保护物种种群数量稳中有增	10
5. 物种 适宜性	g. 分布面积变化(13 分)	分布面积保持稳定(±3%)或增加(9~13 分)	分布面积保持稳定	12
	h. 食物资源变化(12 分)	主要保护物种种群所需天然食物的种类、质量及丰富度(考虑矿物质需求的补充),明显能满足目标物种的需求(9~12分)	食物资源增加,满足主要保护物种的采食需求	11
合计				91

陕西青木川国家级自然保护区自建立以来，对青木川地区的生物多样性开展了全面的保护行动，保护区内的干扰因素逐年减少、总的干扰强度逐渐减弱，而野生动植物物种数、种群数量以及栖息地质量都得到了显著提升。但是，随着青木川地区社会经济的起飞，保护区外围工农业生产和旅游业蓬勃发展，自然保护与经济建设之间的矛盾和共存需要引起更多的关注。本章从总结陕西青木川国家级自然保护区物种多样性特点入手，对保护区的动物多样性情况进行综合分析，并结合保护区可能存在的问题提出保护管理建议。

14.1 动物多样性特点综合分析

14.1.1 动物物种多样性及特有性

本次调查表明，陕西青木川国家级自然保护区动物多样性维持在较高的水平，并且各个类群物种数与2005年调查数据相比都有增加。总体而言，陕西青木川国家级自然保护区共有342种野生脊椎动物和374种昆虫，在野生脊椎动物中鸟类最多(195种)，在昆虫中鞘翅目有142种占绝对优势(表14.1)。从全国情况来看，陕西青木川国家级自然保护区动物物种数占全国动物物种数的0.84%，其中野生脊椎动物总数占8.21%，昆虫占0.49%。而野生脊椎动物中，鸟类占比最高，达到14.21%(表14.1)。

表14.1 陕西青木川国家级自然保护区动物物种数占中国内陆动物物种数的比例

动物类群	保护区内物种数(种)	中国物种数(种)	百分比(%)
昆虫	374	88328	0.42
鱼类	30	1443	2.08
两栖类	17	408	4.17
爬行类	26	272	9.56
鸟类	195	1372	14.21
哺乳类	74	673	11.00
合计	775	92496	0.84

在动物的特有性来看，陕西青木川国家级自然保护区共有26种中国特有种，占全国中国特有种总数的4.05%。从各个类群来看，占比最高的是鸟类，达到19.48%。其次是哺乳类，为6.67%，而爬行动物较少，两栖动物没有中国特有种(表14.2)。

表 14.2　陕西青木川国家级自然保护区中国特有种占中国特有种总数的比例

动物类群	保护区中国特有种数（种）	中国特有种总数（种）	百分比（%）
两栖类	0	272	0.00
爬行类	1	143	0.70
鸟类	15	77	19.48
哺乳类	10	150	6.67
合计	26	642	4.05

通过以上梳理可见，无论是从物种数，还是中国特有种种类，陕西青木川国家级自然保护区在中国脊椎动物多样性方面都占据重要地位，体现了该区域脊椎动物多样性和特有性的价值所在。

14.1.2　保护物种

陕西青木川国家级自然保护区共有 32 种脊椎动物被列入《国家重点保护野生动物名录》，占全国陆生重点保护野生动物物种总数的 8.51%，其中，列为一级的有 6 种（占全国 5.36%），列为二级的有 26 种（占全国 9.85%）（表 14.3）。从各个类群来看，重点保护野生哺乳动物种类最多，合计一、二级合计占全国的 9.73%，其次是两栖类（占全国 9.09%）和鸟类（占全国 8.20%）。

另外，陕西青木川国家级自然保护区有 22 种脊椎动物是陕西省重点保护野生动物，占陕西省重点保护野生动物总数的 48.89%（表 14.4）。其中，哺乳动物占省重点保护哺乳动物总数的 75%，鸟类占省重点保护鸟类总数的 45.45%，爬行动物种类占省重点保护爬行动物总数的 16.67%，而两栖类占省重点保护两栖类总数的 40%（表 14.4）。

表 14.3　陕西青木川国家级自然保护区内国家重点保护物种数及占比情况

动物类群	保护等级	保护区内国家重点保护物种数（种）	中国国家重点保护物种数（种）	百分比（%）
两栖类	一级	–	–	–
	二级	1	11	9.09
	小计	1	11	9.09
爬行类	一级	0	6	0.00
	二级	0	2	0.00
	小计	0	8	0.00
鸟类	一级	1	42	2.38
	二级	19	202	9.41
	小计	20	244	8.20

（续）

动物类群	保护等级	保护区内国家重点保护物种数（种）	中国国家重点保护物种数（种）	百分比（%）
哺乳类	一级	5	64	7.81
	二级	6	49	12.24
	小计	11	113	9.73
合计	一级	6	112	5.36
	二级	26	264	9.85
	总计	32	376	8.51

表14.4　陕西青木川国家级自然保护区内陕西省重点保护物种数及占比情况

动物类群	保护区内省重点保护物种数（种）	陕西省重点保护物种总数（种）	百分比（%）
两栖类	2	5	40.00
爬行类	1	6	16.67
鸟类	10	22	45.45
哺乳类	9	12	75.00
总计	22	45	48.89

14.1.3　受威胁物种情况分析

通过梳理分析发现，陕西青木川国家级自然保护区的脊椎动物中被 IUCN 列为受威胁的物种有 26 种（表 14.5），被《中国脊椎动物红色名录》列为受威胁的物种共有 61 种（表 14.6），被列入《CITE 附录》中的物种共有 32 种（表 14.7）。

在 IUCN 方面，从各个类群来看，哺乳类被列为受威胁种类最多，达到 12 种，占保护区哺乳动物物种总数的 16.22%。其次是两栖类，有 6 种，但是它占保护区两栖类物种总数的百分比最高，达到 35.29%。而被 IUCN 收录的鸟类（4 种）、爬行类（2 种）和鱼类（2 种）则较少，占各自类群物种数的百分比也不大（表 14.5）。

表14.5　陕西青木川国家级自然保护区内《IUCN 物种红色名录》收录物种占比情况

动物类群	《IUCN 物种红色名录》（种）				合计（种）	保护区物种总数（种）	百分比（%）
	CR	EN	VU	NT			
鱼类	0	0	1	1	2	30	6.67
两栖类	1	2	2	1	6	17	35.29
爬行类	0	1	1	0	2	26	7.69
鸟类	1	0	2	1	4	195	2.05
哺乳类	0	2	6	4	12	74	16.22
总计	2	5	12	7	26	342	7.60

在被中国脊椎动物红色名录列为受威胁的物种中，哺乳类最多(27 种)，占保护区哺乳动物物种数的 36.49%；其次是鸟类(18 种)，占保护区鸟类物种数的 9.23%；爬行类较少(9 种)，但是占保护区爬行类物种数百分比较高，达到 34.62%，两栖类被列为受威胁物种数最少(7 种)，但是占保护区两栖类物种数百分比最高，达到 41.18%(表 14.6)。

表 14.6 陕西青木川国家级自然保护区内《中国脊椎动物红色名录》收录物种占比情况

动物类群	《中国脊椎动物红色名录》				合计	保护区物种总数(种)	百分比(%)
	CR	EN	VU	NT			
鱼类	0	0	0	0	0	30	0.00
两栖类	1	1	3	2	7	17	41.18
爬行类	0	4	3	2	9	26	34.62
鸟类	0	1	3	14	18	195	9.23
哺乳类	2	3	12	10	27	74	36.49
总计	3	9	21	28	61	342	17.84

在被列入《CITES 附录》的物种中，鸟类(19 种)最多，其次是哺乳类(11 种)，爬行类(1 种)和两栖类(1 种)最少(表 14.7)。从占保护区各个类群物种数百分比来看，哺乳动物最高，为 14.86%(表 14.7)。

表 14.7 陕西青木川国家级自然保护区内《CITES 附录》收录物种占比情况

动物类群	《CITES 附录》			合计	保护区物种总数(种)	百分比(%)
	I	II	III			
鱼类	0	0	0	0	30	0.00
两栖类	1	0	0	1	17	5.88
爬行类	0	0	1	1	26	3.85
鸟类	0	19	0	19	195	9.74
哺乳类	5	6	0	11	74	14.86
总计	6	25	1	32	342	9.36

通过以上分析，陕西青木川国家级自然保护区的野生脊椎动物中，无论是按国际标准，还是按国内标准，在各个类群都有一定比例的物种被列为受威胁物种或禁止国际贸易的物种，说明许多濒危或受威胁物种分布在保护区内，应引起关注。无论是对这些物种本身，还是对它们的栖息环境，都需要持续稳定地开展保护管理工作。

14.2 保护管理对策的探讨

陕西青木川国家级自然保护区虽然建立时间较短，但是及时快速地实施了保护措施，保护区通过移民工程、栖息地保护恢复工程、改变当地经济发展模式等，促进了保护区野生动植物及栖息地的保护，取得了显著成果。然而，随着新时代社会经济的飞速发展，在自然保护与社区关系方面会产生新的矛盾，而应新时代生态保护的更高要求，对自然保护区的保护管理工作提出更多新问题。通过本次调查，我们也发现了一些新问题，这里结合项目专家组的意见提出以下保护管理对策。

14.2.1 重点物种的专项调查与长期监测

本次调查未记录到包括大熊猫在内的一些文献记载物种，这可能需要对一些重要物种设立专项调查项目，尤其要关注保护区毗邻区域有无这些重要物种活动的记录。可以与邻近的保护区(如裕河国家级自然保护区、毛寨省级自然保护和唐家河国家级自然保护区)开展联合调查，查明大熊猫的活动范围和活动路线，揭示它们在陕西青木川国家级自然保护区的分布或潜在分布情况。

对一些关键物种，如川金丝猴、猕猴、羚牛、林麝、红腹锦鸡等开展或继续开展长期持续的跟踪监测，从而全面了解这些物种的种群动态和变化趋势，继而制定出相应的保护管理对策。

14.2.2 红外相机、无人机技术结合 3S 技术的保护管理

近年来，陕西青木川国家级自然保护区陆续开始使用红外相机对野生动物开展调查，获取了相应的数据。随着红外相机技术的更新，比如，增加了声音招引、夜间彩色拍摄、图片图像实时传回等功能，能够全时、高效、高质量地跟踪监测野生动物，将保证对野生动物的种类、分布、栖息地等情况及时掌握。

在使用红外相机的同时，可以通过无人机技术，监测一些体型较大的动物，这一技术在冬春季有更好的监测效果。无人机技术还可以对野生动物栖息地的植被情况(如植被类型和盖度)、人类活动(农业生产和旅游)、道路交通等进行监测，结合 3S 技术(地理信息系统、全球定位系统、遥感系统)则可以评估保护区栖息地质量和动态变化。未来的保护区日常管理中，应把红外相机和无人机技术作为常规监测手段加以利用。

14.2.3 对一些容易忽略的类群加强关注

一般而言，提到野生动物多是指陆生野生脊椎动物，鱼类和昆虫等往往被忽视。本次调查加强了对鱼类的调查力度，结果物种数比以往增加了许多。而对昆虫多样性的调查在陕西青木川国家级自然保护区尚属首次。显然，这些类群在以往被忽视了，后期应继续给予重视。另外，对一些鱼类应开展连续监测，调查它们的三场(产卵场、索饵场、越冬场+洄游通道)，从空间和时间上全方位开展保护。

14.2.4 加强旅游管理

在青木川建立保护区之后，该地区产业结构进行了较大调整。从调查结果来看，当前对保护区影响最大的因素是旅游开发。在未来保护管理中，应关注旅游业引起的诸如直接干扰(如游人或车辆、人为噪音等)、水污染、能源消耗等各类影响，评估这些影响的程度，制定相应的管理计划。

14.2.5 开展濒危物种的专项研究和保护管理

陕西青木川国家级自然保护区关于濒危物种的专项研究仅见于川金丝猴和猕猴，对其他动物则没有开展专项研究。建议后期对一些关键物种如羚牛和林麝等进行生态学和保护生物学方面的专项研究，了解这些物种的行为、栖息地利用、遗传多样性、人类干扰响应等生态学信息，将能够更好地促进对它们的保护。

14.2.6 加强野生动物疫源疫病监测、防控

陕西青木川国家级自然保护区是野生动物重点聚集分布区域，积极开展野生动物疫源疫病的监测、防控，对维护该区域野生动物种群安全和生态安全意义重大。建议建立陕西青木川国家级自然保护区野生动物疫源疫病监测预警体系和长效机制，强化野生动物疫源疫病防控和应急处置能力，以确保该区域生态、生物安全。

参考文献

艾怀森，2003. 羚牛在中国的地理分布与生态研究现状[J]. 四川动物(01)：14-18.

曾治高，巩会生，宋延龄，等，2005. 羚牛四川亚种在陕西秦岭分布的新记录[J]. 动物学报(04)：743-747.

曾治高，巩会生，宋延龄，等，2006. 陕西马家山自然保护区大中型兽类的资源及区系与生态分布[J]. 四川动物(01)：87-91.

曾治高，钟文勤，宋延龄，等，2003. 羚牛生态生物学研究现状[J]. 兽类学报(02)：161-167.

陈服官，罗志腾，1962. 陕西省动物地理区划[C]// 中国动物学会. 动物生态及分类区系专业学术研讨会论文摘要汇编. 北京：科学出版社.

陈服官，闵芝兰，黄洪富，等，1980. 陕西省秦岭大巴山地区兽类分类和区系研究[J]. 西北大学学报(自然科学版)(1)：137-147.

陈服官，1989. 金丝猴研究进展[M]. 西安：西北大学出版社.

陈景星，1981. 中国花鳅亚科鱼类系统分类的研究[M]//中国鱼类学会. 鱼类学论文集(第一辑). 北京：科学出版社：21-32.

陈灵芝，1993. 中国的生物多样性——现状及其保护对策[M]. 北京：科学出版社.

褚新洛，郑葆珊，戴定远，等，1999. 中国动物志：硬骨鱼纲鲇形目[M]. 北京：科学出版社.

党晓伟，王利军，2012. 陕西青木川国家级自然保护区主要植物资源种类研究[J]. 中国城市林业，10(06)：26-27.

段延，2018. 秦岭羚牛的家域研究[D]. 汉中：陕西理工大学.

方荣盛，王廷正，1983. 陕西蛇类三种新记录[J]. 两栖爬行动物学报，2(2)：75-76.

费梁，1999. 中国两栖动物图鉴[M]. 郑州：河南科学技术出版社.

高耀亭，1963. 中国麝的分类[J]. 动物学报，15(3)：479-488.

高耀亭，汪松，张曼丽，1987. 中国动物志——兽纲第八卷：食肉目[M]. 北京：科学出版社.

郜二虎，遇达祎，李琼，2005. 我国麝资源现状及保护对策[J]. 林业资源管理(01)：45-47+44.

巩会生，杨兴中，阮英琴，1997. 佛坪自然保护区的鸟类[J]. 四川动物，16(3)：118-126.

巩会生，曾治高，高学斌，2009. 陕西省重点保护野生动物名录增减变化商讨[J]. 西北林学院学报，24(01)：107-115.

国家环保局，1998. 中国生物多样性国情研究报告[M]. 北京：中国环境科学出版社.

国家林业局，2016. 国家级自然保护区数据库[DB/OL]. http：//qmc. forestry. gov. cn/business/htmlfiles/qmc/.

胡淑琴，赵尔宓，刘承钊，1966. 秦岭及大巴山地区两栖爬行动物调查报告[J]. 动物学报，18（1）：57-89.

胡忠军，王淯，薛文杰，等，2007. 陕西紫柏山自然保护区林麝种群密度[J]. 浙江林学院学报（01）：65-71.

黄洁，张伟峰，2015. 旅游目的地生命周期研究——基于青木川古镇[J]. 旅游纵览（下半月），9：160-162.

黄文几，陈延熹，温业新，1995. 中国啮齿类[M]. 上海：复旦大学出版社.

江廷安，1997. 陕西省林麝的数量估计[J]. 陕西师范大学学报（自然科学版），25（增刊）：127-130.

蒋志刚，江建平，王跃招，等，2016. 中国脊椎动物红色名录[J]. 生物多样性，24（05）：501-551+615.

蒋志刚，马克平，韩兴国，1997. 保护生物学[M]. 杭州：浙江科学技术出版社.

蒋志刚，2005. 陕西青木川自然保护区的生物多样性[M]. 北京：清华大学出版社.

蒋志刚，2004. 动物行为原理与物种保护方法[M]. 北京：科学出版社.

蒋志刚，2016. 中国脊椎动物生存现状研究[J]. 生物多样性，24（5）：495-499.

雷富民，卢建利，刘耀，等，2002. 中国鸟类特有种及其分布格局[J]. 动物学报，48（5）：599-610.

雷富民，屈延华，卢建利，等，2002. 关于中国鸟类特有种名录的核定[J]. 动物分类学报，27（4）：857-864.

雷明德，朱志诚，田连恕，等，1999. 陕西植被[M]. 北京：科学出版社.

李保国，熊成培，李智军，1995. 川金丝猴和猕猴在陕西的分布型[R]. 日本自然保护基金助成报告书，4：125-136.

李晟，王大军，肖治术，等，2014. 红外相机技术在我国野生动物研究与保护中的应用与前景[J]. 生物多样性，22（6）：，685-695.

李思忠，1981. 中国淡水鱼类的分布区划[M]. 北京：科学出版社.

李言阔，蒋志刚，缪涛，2013. 青木川自然保护区川金丝猴食性的季节性变化[J]. 兽类学报，33（03）：246-257.

梁刚，1998. 秦岭地区两栖爬行动物区系组成特点及持续发展对策[J]. 西北大学学报（自然科学版），28（6）：545-549.

廖国璋，2002. 匙吻鲟的生物学特性与繁养殖技术[J]. 水产科技（5）：12-14.

刘广超，2007. 川金丝猴栖息地质量评价和保护对策研究[D]. 北京：北京林业大学.

刘艳，覃海宁，武建勇，等，2006. 陕西青木川自然保护区种子植物区系分析[J]. 西北植物学报（06）：1244-1249.

刘志霄，盛和林，2000. 我国麝的生态研究与保护问题概述[J]. 动物学杂志（03）：54-57.

路纪琪，田军东，张鹏，2018. 中国猕猴生态学研究进展[J]. 兽类学报，38（01）：74-84.

罗泽珣，陈卫，高武，等，2000. 中国动物志兽纲啮齿目（下册）仓鼠科[M]. 北京：科学出版社.

马骏，2016. 生态环境阈限背景下生物多样性保护与遗产旅游开发协同发展研究[D]. 长沙：湖南师范大学.

马逸清，胡锦矗，翟庆龙，1994. 中国的熊类[M]. 成都：四川科学技术出版社.

闵芝兰，1991. 陕西省重点保护野生动物[M]. 北京：中国林业出版社.

宁强县志编纂委员会，1995. 宁强县志[M]. 西安：陕西师范大学出版社.

潘文石，吕植，朱小健，等，2000. 继续生存的机会[M]. 北京：北京大学出版社.

覃海宁，刘艳，武建勇，等，2005. 植物区系与植物资源[M]//蒋志刚. 陕西青木川自然保护区的生物多样性. 北京：清华大学出版社.

任毅，1998. 秦岭大熊猫栖息地植物[M]. 西安：陕西科学技术出版社.

任毅，杨兴中，王学杰，等，2002. 长青国家级自然保护区动植物资源[M]. 西安：西北大学出版社.

陕西省水产研究所，陕西师范大学生物系，1992. 陕西鱼类志[M]. 西安：陕西科学技术出版社.

沈丽，2017. 宁强县青木川古镇旅游发展浅析[J]. 新丝路(5)：63-64.

盛和林，曹克清，李文军，等，1992. 中国鹿类动物[M]. 上海：华东师范大学出版社.

寿振黄，1962. 中国经济动物志——兽类[M]. 北京：科学出版社.

宋鸣涛，1987. 陕西两栖爬行动物区系分析[J]. 两栖爬行动物学报，6(4)：63-73.

宋延龄，曾治高，张坚，等，2000. 秦岭羚牛的家域研究[J]. 兽类学报(04)：241-249.

苏建国，兰恭赞，2002. 中国淡水鱼类种质资源的保护和利用[J]. 家畜生态，23(1)：64-66.

孙佳欣，李佳琦，万雅琼，等，2018. 四川9种有蹄类动物夏秋季活动节律研究[J]. 生态与农村环境学报，34(11)：1003-1009.

汪松，解焱，2004. 中国物种红色名录——第一卷 红色名录[M]. 北京：高等教育出版社.

汪松，1998. 中国濒危动物红皮书——兽类[M]. 北京：科学出版社.

王廷正，方荣盛，王德兴，1981-1982. 陕西大巴山地的鸟兽调查研究(一)、(二)[J]. 陕西师范大学学报(自然科学版)，Z1：204-248.

王廷正，郑哲民，方荣盛，1964. 陕西省动物学会论文选集1：陕西省动物地理区划初步意见[C]. [出版地不详]：[出版者不详]：26-41.

王廷正，1990. 陕西省啮齿动物区系与区划[J]. 兽类学报，10(2)：128-136.

王廷正，1992. 陕西啮齿动物志[M]. 西安：陕西师范大学出版社.

王伟，辛利娟，杜金鸿，等，2016. 自然保护地保护成效评估：进展与展望[J]. 生物多样性，24(10)：1177-1188.

王绪桢，何舜平，张涛，2000. 秦岭西段鱼类多样性现状初报[J]. 生物多样性，8(3)：312-313.

王应祥，李崇云，陈志平，1996. 猪尾鼠的分类、分布与分化[J]. 兽类学报，16(1)：54-66.

王应祥，2003. 中国哺乳动物种和亚种分类名录与分布大全[M]. 北京：中国林业出版社.

王淯，姜海瑞，薛文杰，等，2006. 林麝(*Moschus berezovskii*)研究概况和进展[J]. 四川动物(01)：195-200.

王芸，赵鹏祥，2012. 青木川自然保护区大熊猫生境评价[J]. 应用生态学报，23(01)：206-212.

王芸，2008. 基于 GIS 的陕西青木川自然保护区大熊猫生境评价研究[D]. 杨凌：西北农林科技大学.

王祖望，张知彬，2001. 二十年来我国兽类学研究的进展与展望：I 历史的回顾及兽类生态学研究[J]. 兽类学报，21(3)：161-173.

吴家炎，1990. 秦岭发现猪尾鼠[J]. 动物学研究，11(2)：126.

吴家炎，1990. 中国羚牛[M]. 北京：中国林业出版社.

吴征镒，王荷生，1983. 中国自然地理植物地理(上册)[M]. 北京：科学出版社.

吴征镒，1991. 中国种子植物属的分布区类型专辑[J]. 云南植物研究(增刊Ⅳ)：1-139.

伍光和，张可荣，1997. 甘肃省白水江国家级自然保护区综合科学考察报告[M]. 兰州：甘肃科学技术出版社.

伍献文，1964. 中国鲤科鱼类志(上卷)[M]. 上海：上海科学技术出版社.

伍献文，1977. 中国鲤科鱼类志(下卷)[M]. 上海：上海人民出版社.

夏武平，张荣祖，1995. 灵长类研究与保护[M]. 北京：中国林业出版社.

徐琼瑜，胡伟强，王祥荣，2001. 中国自然保护区可持续管理模式探讨：伦敦自然保护区管理模式借鉴[J]. 城市环境与城市生态，14(5)：20-22.

许鹏，李言阔，缪涛，等，2015. 陕西青木川自然保护区川金丝猴的昼间时间分配和活动节律[J]. 江西科学，33(03)：324-329.

许涛清，张春光，1996. 陕西省淡水鱼类分布区划[J]. 地理研究，15(3)：97-102.

晏玉莹，邓娇，张志强，等，2014. 野生动物类型自然保护区保护成效评估研究进展[J]. 生态学杂志，33(04)：1128-1134.

晏玉莹，杨道德，邓娇，等，2015. 国家级自然保护区保护成效评估指标体系构建——以陆生脊椎动物(除候鸟外)类型为例[J]. 应用生态学报，26(05)：1571-1578.

杨道德，邓娇，周先雁，等，2015. 候鸟类型国家级自然保护区保护成效评估指标体系构建与案例研究[J]. 生态学报，35(06)：1891-1898.

姚建初，1991. 陕西太白山地区鸟类三十年变化情况的调查[J]. 动物学杂志，26(5)：19-29.

虞国跃，2004. 中国昆虫物种多样性[C]//当代昆虫学研究：中国昆虫学会成立 60 周年纪念大会暨学术讨论会论文集. 北京：中国昆虫学会：188-190.

原洪，黄正发，1985. 陕西佛坪自然保护区两栖爬行动物调查[J]. 两栖爬行动物学报，4(1)：50-51.

约翰·马敬能，卡伦·菲利普斯，何芬奇，2000. 中国鸟类野外手册[M]. 长沙：湖南教育出版社.

张春霖，1954. 中国淡水鱼类的分布[J]. 地理学报，20(3)：279-284.

张金良，李焕芳，1997. 秦岭自然保护区群的生物多样性[J]. 生物多样性，5(2)：155-156.

张孟闻，宗愉，马积藩，1998. 中国动物志：爬行纲(第一卷)[M]. 北京：科学出版社.

张荣祖，赵肯堂，1978. 关于《中国动物地理区划》的修改[J]. 动物学报，24(2)：197-202.

张荣祖，郑作新，1961. 论动物地理区划的原则和方法[J]. 地理学报(6)：268-271.

张荣祖，1999. 中国动物地理[M]. 北京：科学出版社.

张荣祖，2011. 中国动物地理[M]. 北京：科学出版社.

张义宏，2009. 关注社区促发展，灾后重建重保护[J]. 陕西林业(03)：29.

赵尔宓，黄美华，宗愉，1998. 中国动物志：爬行纲(第三卷)[M]. 北京：科学出版社.

赵尔宓，1998. 中国濒危野生动植物种红皮书——两栖类和爬行类[M]. 北京：科学出版社.

郑光美，王岐山，1998. 中国濒危野生动植物种红皮书——鸟类[M]. 北京：科学出版社.

郑生武，雷颖虎，袁伟，等，1993. 陕西省猕猴现状、历史分布和分布区缩小原因的探讨[M]//夏武平，张洁. 人类活动影响下兽类区系演变. 北京：中国科学技术出版社.

郑生武，1994. 中国西北地区珍稀濒危动物志[M]. 北京：中国林业出版社.

郑作新，2002. 中国鸟类系统检索(第三版)[M]. 北京：科学出版社.

郑作新，1962. 秦岭、大巴山地区的鸟类区系调查研究[J]. 动物学报，14(3)：361-380.

郑作新，1959. 中国动物地理区划(以鸟、兽等为主)[M]. 北京：科学出版社.

郑作新，1978. 中国鸟类分布名录[M]. 北京：科学出版社.

郑作新，2000. 中国鸟类种与亚种分类名录大全[M]. 北京：科学出版社.

郑作新，1973. 秦岭鸟类志[M]. 北京：科学出版社.

中华人民共和国濒危物种进出口管理办公室、中华人民共和国濒危物种科学委员会，1997. 濒危野生动植物种国际贸易公约[M]. 北京：科学出版社.

中华人民共和国环境保护部，中国科学院，2015. 关于发布《中国生物多样性红色名录——脊椎动物卷》的公告[EB/OL]. http：//www. mee. gov. cn/gkml/hbb/bgg/201505/t20150525_302233. htm.

佚名，1989. 中华人民共和国野生动物保护法[M]. 北京：中国民主法制出版社.

ROSEN R A, HALES D C, 1991. 匙吻鲟(*Polyodon spathula*)的摄食[J]. 李远国，译. 湖北渔业，(4)：57-62.

ALLEN G M, 1938-1940. The Mammals of China and Mongolia. Vols. 1 & 2[M]. New York：Amer. Mus. Nat. Hist.

ALLEN G M, 1928. A new Cricetine genus from China[J]. Journal of Mammalogy, 9：244-246.

CLARK R S, HILL J E, 1980. A World List of Mammalian Species[M]. London and Ithaca：Brit, (Nat. Hist.).

HOFFMANN R S, 2001. The southern boundary of the palaearctic realm in china and adjacent countries[J]. Acta Zoologica Sinica, 47(2)：121-131.

HONASKI R S, KINMAN K E, KOEPPLEDS J W, 1982. Mammal Species of World[M]. Kawrence, Kansas：Allen Press and Assec, Syst. Collo.

HOWELL A B, 1929. Mammals from China in the Collections of United States National Museum[J]. Proc. U. S. Nat. Mus., 75：82.

IUCN, 2019. The IUCN red list of threatened species [EB/OL]. https：//www. iucnredlist. org/.

LIU C, 1950. Amphibians of western China[J]. Fieldiana Zool. Mem. (2)：1-400.

NAKASHIMA Y, FUKASAWA K, SAMEJIMA H, 2018. Estimating animal density without individual recognition using information derivable exclusively from camera traps[J]. Journal of Applied Ecology, 55: 735-744.

NOWAK R N, PARADISA J L, 1983. Walker's Mammals of the World. 4th Edition, Vol. 1&2 [M]. Baltimore and London: Johus Hopkins University Press.

ROWCLIFFE J M, FIELD J, TURVEY S T, et al, 2008. Estimating animal density using camera traps without the need for individual recognition[J]. Journal of Applied Ecology, 45: 1228-1236.

THOMAS O, 1912. On a collection of small mammals from the Tsin-ling Mountains, Central China. Presented by Mr. G. Fenwick Owen to the National Museum[J]. Ann. Mag. Nat. Hist., 10(8): 395-403.

VALDEZ R, 1982. The Wild Sheep of the World[M]. New Mexico: Mesilla.: 1-181.

ZHAO E M, KRAIG A, 1993. Herpetology of China[M]. Ohio, Oxford and Beijing: Society for the Study of Amphibian and Reptiles in Cooperation with Chinese Society for the Study of Amphibian and Reptiles: 1-522.

附　图

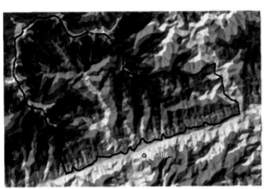

○ 附图1　陕西青木川国家级自然保护区高程图

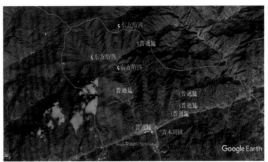

○ 附图4　普通鵟和东方角鸮分布记录散点图

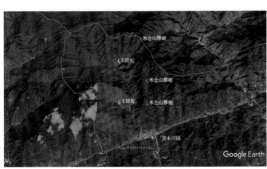

○ 附图2　陕西青木川国家级自然保护区重要爬行
动物分布记录散点图

○ 附图5　黑熊和黄喉貂分布记录散点图

○ 附图3　红腹锦鸡分布记录散点图

○ 附图6　中华鬣羚分布记录散点图

○ 附图7　中华斑羚和小麂分布记录散点图

○ 附图8　陕西青木川国家级自然保护区川金丝猴
记录散点图

○ 附图9　陕西青木川国家级自然保护区猕猴分布
记录散点图

○ 附图10　陕西青木川国家级自然保护区羚牛分布
记录散点图

○ 附图11　陕西青木川国家级自然保护区林麝分布
记录散点图

○ 附图12　青木川自然保护区土地利用变化

1　动　物

○ 大和锉小蠹（姜春燕摄）　　　　　　　○ 翠蓝眼蛱蝶（李冬摄）

○ 柑橘凤蝶（陈旭摄）　　　　　　　　　○ 红袖蜡蝉（姜春燕摄）

○ 角葫芦锹甲（李冬摄）　　　　　　　　○ 金环胡蜂（姜春燕摄）

○ 亮绿彩丽金龟（姜春燕摄）

○ 金叶甲属（李冬摄）

○ 六斑异瓢虫（李东摄）

○ 鹿角花金龟（张润志摄）

○ 青蛉蚝（姜春燕摄）

○ 桑宽盾蝽（姜春燕摄）

○ 素色似织螽（姜春燕摄）

○ 铜光长足象（姜春燕摄）

○ 新蝎蛉属某种（姜春燕摄）

○ 透顶单脉色蟌（陈旭摄）

○ 云斑白条天牛（姜春燕摄）

○ 异色巨蝽（姜春燕摄）

○ 褶翅臀花金龟（姜春燕摄）

○ 中国虎甲（姜春燕摄）

○ 大斑花鳅（周钰媚摄）

○ 高体鳑鲏（陶夏秋摄）

○ 黄颡鱼（李娜摄）　　　　○ 宽鳍鱲（李娜摄）　　　　○ 鲇（李娜摄）

○ 马口鱼（陶夏秋摄）　　　　　　○ 麦穗鱼（曹丹丹摄）

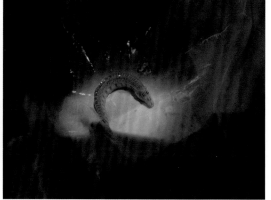

○ 大绿臭蛙（周钰媚摄）　　　　　　○ 中华花鳅（周钰媚摄）

○ 北草蜥（李春旺摄）

○ 泽陆蛙（曹丹丹摄）

○ 花臭蛙（曹丹丹摄）

○ 中国林蛙（曹丹丹摄）

○ 中华蟾蜍（曹丹丹摄）

○ 黑眉晨蛇（曹丹丹摄）

○ 黑斑侧褶蛙（李春旺摄）

○ 蓝尾石龙子（李春旺摄）

○ 山地麻蜥（李冬摄）

○ 中华鳖（缪涛摄）

○ 原矛头蝮（周钰媚摄）

○ 米仓山攀蜥（邹维明摄）

○ 白顶溪鸲（周钰媚摄）

○ 王锦蛇（李春旺摄）

○ 白鹭（邹维明摄）

○ 白腰草鹬（周钰媚摄）

○ 白颊噪鹛（周钰媚摄）

○ 白眼潜鸭（邹维明摄）

○ 斑胸钩嘴鹛（李春旺摄）

○ 翠鸟（邹维明摄）

○ 大山雀（周钰媚摄）

○ 东方角鸮（李春旺摄）

○ 高山旋木雀（邹维明摄）

○ 红嘴蓝鹊（周钰媚摄）

○ 黑领噪鹛（邹维明摄）

○ 红嘴相思鸟（周钰媚摄）

○ 红嘴鸥（邹维明摄）

○ 灰椋鸟（李春旺摄）

○ 黄臀鹎（周钰媚摄）

○ 灰头绿啄木鸟（周钰媚摄）

○ 灰鹡鸰（周钰媚摄）

○ 火冠雀（邹维明摄）　　　　　○ 红腹锦鸡（陈旭摄）

○ 金腰燕（周钰媚摄）　　　　　○ 灰胸竹鸡（陈旭摄）

○ 三道眉草鹀（李春旺摄）　　　○ 鹪鹩（周钰媚摄）

○ 夜鹭（周钰媚摄）　　　　　　○ 蓝喉仙鹟（李春旺摄）

○ 长尾山椒鸟（邹维明摄）　　　　　　　　○ 绿翅短脚鹎（陶夏秋摄）

○ 棕头鸦雀（李春旺摄）　　　　　　　　　○ 松鸦（红外相机摄）

○ 北花松鼠（周钰媚摄）　　　　　　　　　○ 赭红尾鸲雌鸟（邹维明摄）

○ 赤腹松鼠（李春旺摄）

○ 棕尾鵟（李春旺摄）

○ 黄喉貂（何鑫摄）

○ 黑熊（红外相机摄）

○ 羚牛（红外相机摄）

○ 豹猫（红外相机摄）

○ 猕猴（陈旭摄）

○ 川金丝猴（红外相机摄）

○ 红白鼯鼠（陈旭摄）

○ 毛冠鹿和小鹿同框（红外相机摄）

○ 林麝（陈旭摄）

○ 中华鬣羚（红外相机摄）

○ 中华斑羚（陈旭摄）

○ 野猪（红外相机摄）

○ 猪獾（红外相机摄）

○ 中华竹鼠（何鑫摄）

② 栖息地、自然和人文景观

○ 古镇老街（周钰媚摄）

○ 落叶阔叶林（李春旺摄）

○ 农田生境（陈旭摄）

○ 青木川古镇（陈旭摄）

○ 实验区一隅（陈旭摄）

○ 完好的栖息地（陈旭摄）

③ 工作场景

○ 布放红外相机

○ 分组行动之前

○ 互相帮助

○ 观鸟

○ 讨论调查方案

○ 样线调查